编委会

目录

导语

鸽哨又名鸽铃，在于照《都门豢鸽记》中，就记载有鸽铃的内容。清朝张万钟《鸽经》中有“晴鸽试铃风力软，雏鹰弄舌春寒薄”的词句。

鸽哨，是戴在鸽子尾羽处的一种哨子，由竹子和葫芦等几种材料制成。随着鸽子飞翔带风，能使哨音在空中响起。鸽哨的制作水平以北京人的手艺最为精湛，从北京出现第一位制哨名家算起，制作技艺有近200年历史。民间工艺者更是人才辈出，以“老四家”[1]和“小四家”[2]为代表的鸽哨最为有名。鸽哨因制作精致，逐渐成为一种民间工艺品。其中，永字鸽哨是京城有名的鸽哨之一，几代传人，在考究的鸽哨制作技艺上各具特点。

何永江是永字鸽哨第四代传承人，他出生于1949年，是共和国同龄人。在新时代中，何永江不忘初心，牢记使命，把文化保护和历史传承的重任肩负起来，对永字鸽哨的传承起到了承前启后的重要作用。何永江不仅致力于恢复前三代手艺人制作鸽哨的工艺，同时还一直致力于永字鸽哨的宣传，以及鸽哨制作技艺的传承和保护工作。目前，他是北京鸽哨制作技艺北京市级代

[1] “老四家”，即“惠”、“永”（老永）、“鸣”、“兴”。

[2] “小四家”，即“永”（小永）、“祥”、“文”、“鸿”。

表性传承人。本书根据何永江的口述内容，整理成“北京城的声音”“回首我的手艺之路”“鸽哨的讲究和制作的手艺”“传出去　传下去”“精品赏析”五个章节，用传承人的语言完整还原了北京鸽哨的历史渊源、传承之路、当下发展状况以及取得的成果，为我们了解北京鸽哨提供了第一手资料。

壹 北京城的声音

北京的鸽哨声首先是悠扬的，讲究有颤音。音色有高亢的也有低沉的，以高亢的为主。过去都是过年啊，家里有喜事时，给鸽子背上哨。我做的主要都是高亢的，低音的我做得少。像二筒、三联、五联、七星、九星，这些都是比较高音的，就是听着振奋也比较悦耳的。葫芦哨，主要指大个儿一点儿的葫芦哨，葫芦肚子的直径一般在5厘米以上的大葫芦，它的声音就低沉些。它发出“嗡”的声音，就不像三联、五联那么清脆悦耳。

在王世襄先生《京华忆往》一书中记载：在北京可以听到鸽哨央央琅琅的声音，它是北京的情趣，不知多少次把人们从梦中唤醒，不知多少次把人们的目光引向遥空，又不知多少次给大人和儿童带来了喜悦。我们听见它可以勾起我们对这座古城的美好回忆，又因北京曾遭受过蹂躏，由于鸽哨声销音寂而

▲ 王世襄先生《京华忆往》一书的封面

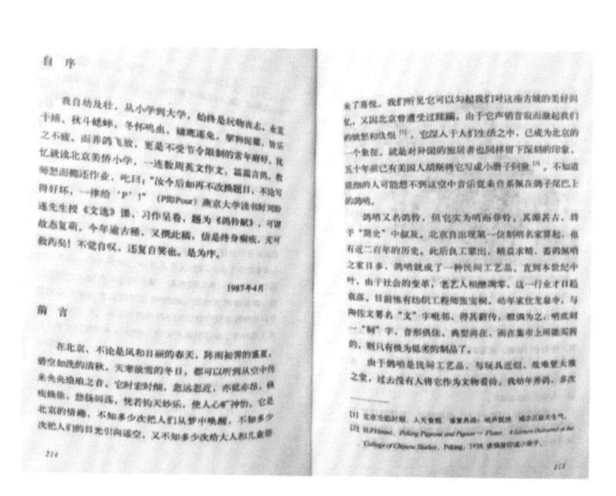

自序

我自幼及壮，从小学到大学，始终是玩物丧志，业荒于嬉。秋斗蟋蟀，冬怀鸣虫，锦鹰逐兔，挈狗捉獾，皆乐之不疲。而养鸽飞放，更是不受节令限制的常年癖好。犹忆就读北京美侨小学，一连数周英文作文，篇篇言鸽，教师怒而掷还作业，叱曰："汝今后如再不改换题目，不论写得好坏，一律给'P'!"（P即Poor）燕京大学读书时刘盼遂先生授《文选》课，习作呈卷，题为《鸽铃赋》，可谓故态复萌。今年逾古稀，又撰此稿，信是终身痼疾，无可救药矣！不觉自叹，还复自笑也。是为序。

1987年4月

前言

在北京，不论是风和日丽的春天，阵雨初霁的盛夏，碧空如洗的清秋，天寒欲雪的冬日，都可以听到从空中传来央央琅琅之音，它时宏时细，忽远忽近，亦低亦昂，倏疾倏徐，悠扬回荡，恍若钧天妙乐，使人心旷神怡。它是北京的情趣，不知多少次把人们从梦中唤醒，不知多少次把人们的目光引向遥空，又不知多少次给大人和儿童带

214

来了喜悦。我们听见它可以勾起我们对这座古城的美好回忆，又因北京曾遭受过蹂躏，由于它声销音寂而触起我们的愤慨和仇恨[1]。它深入于人们生活之中，已成为北京的一个象征。就是对异国的旅居者也同样留下深刻的印象。五十年前已有美国人胡斯将它写成小册子问世[2]。不知道底细的人可能想不到这空中音乐竟来自系佩在鸽子尾巴上的鸽哨。

鸽哨又名鸽铃，但它实为哨而非铃。其源甚古，将于"简史"中叙及。北京自出现第一位制哨名家算起，也有近二百年的历史。此后良工辈出，精益求精，畜鸽佩哨之家日多，鸽哨就成了一种民间工艺品。直到本世纪中叶，由于社会的变革，老艺人相继凋零，这一行业才日趋衰落。目前惟有纺织工程师张宝桐，幼年家住龙泉寺，与陶佐文署名"文"字哨邻，得其薪传，暇偶为之，哨底刻一"桐"字，音形俱佳，典型尚在。而在集市上所能买到的，则只有极为低劣的制品了。

由于鸽哨是民间工艺品，与玩具近似，故难登大雅之堂，过去没有人将它作为文物看待。我幼年养鸽，多次

[2] H.P.Hoose, Peking Pigeons and Pigeon-Flutes. A Lecture Delivered at the College of Chinese Studies, Peking, 1938.

215

▲《京华忆往》提到鸽哨的原文内容

激起我们的愤怒和仇恨。[1]

从王世襄先生这段话就能看出来，鸽哨可以说是北京的一个文化特色，鸽哨发出的声音是北京城一种独特的声音标志。玩鸽哨是从玩鸽子开始的，北京人玩鸽子也是非常有历史和传统的。

世界上养鸽子的国家和城市挺多的，在中国也是北方、南方都有。养鸽子时间长也比较讲究的就是北京。明朝那会儿就有人养、有人玩。后来到了清朝以后，八旗子弟，他有俸禄啊，一天到晚游手好闲的，没事干每月也领钱，（领钱以后）干什么啊？就玩，就有玩鸽子的。那时候也不光在旗的人玩，其他人也都有玩的，所以说它有民间基础。

皇宫里也玩啊，皇上玩，可他不自己养，（给鸽子）喂食、喂水，清理粪便、鸽舍，这些事儿他肯定不管啊！他光看啊，他就是玩嘛。（没人处理这些事）怎么办呢？就专门安排人给皇上养，叫鸽子把式。清朝时皇宫里还有一个百鸟园，不光有鸽子，还有别的鸟，都是下人帮着养。皇帝、妃子们他们没事就去逛逛，去看着玩。清朝和鸽子关系比较密切的一个人就是慈禧，这里头还有这么一个传说故事。

[1] 王世襄：《京华忆往》，生活·读书·新知三联书店2010年版。

一 / 皇宫里的五爪点子

北京最常见，大家也经常养的一个鸽子品种就是“点子”。平头的叫平头点子，凤头的叫凤头点子。但是，有的平头点子，它也叫凤点子。为什么（也叫凤点子）啊？这就跟慈禧有关。她希望百鸟朝凤，唯我独尊，她要保持她的最高权威。

鸽子一般是四个爪子，不信你去看看，鸽子的爪子都是三个冲前一个冲后，这样它能抓牢树干，能上高处。宫里有五个爪子

▲ 平头点子

▲ 凤头点子

▲ 鸽子一般是四个爪子（何永江提供）

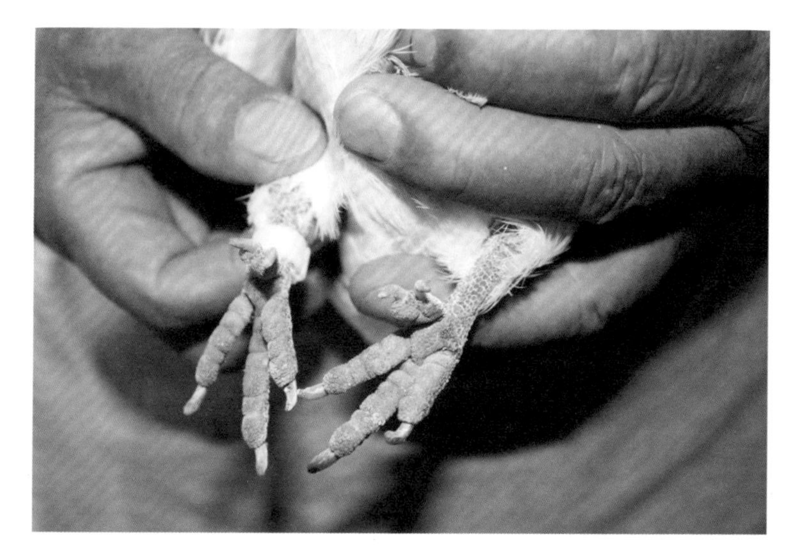

▲ 五爪（五个脚趾）的鸽子

的稀有品种，这五个爪子的点子就叫凤点子，不管是不是凤头，都叫凤点子。

慈禧也比较喜欢鸽子，她是想借五爪（五个脚趾）点子的稀有来体现权威和独特，再有鸽子两只脚，两个五爪加一起又有十全十美的寓意，这都体现了皇家的至尊与权威。五爪点子品种少，其实民间也有，但当时在民间就忌讳。过去老人都说不养五爪的鸽子，说谁家有五爪的鸽子不吉利，这其实也是避讳，因为宫里不让民间养，过去谁家里养五爪的鸽子，让宫里知道，是要杀头的。所以就说五爪鸽子不吉利。现在我这儿还有五爪的点子，我一直没断了养鸽子，就是为了保持它的品种，不能让一些鸽子品种，特别是咱们中国的包括北京的品种断了。

二 / 玩鸽子真讲究

为什么过去上至王公贵族下到普通百姓都喜欢鸽子呢？玩鸽子特别有意思，都玩什么呢？鸽子，主要是玩飞，怎么玩？一是“飞盘儿”，二是“看搭配”，三是“看闪”，四是“听声”。咱们一个个地说。

过去飞鸽子讲究“飞盘儿”，一盘儿是12只。你可以飞一盘儿或两盘儿，也就是12只或者24只，它讲究数量、队形。没有说我养多少只，一轰“呼啦啦”全飞起来的，那不讲究。还有讲究的是一盘儿一盘儿地飞，你养再多的鸽子，也是飞一盘儿回来，落房上进家了，再飞起一盘儿。这么一盘儿一盘儿地飞，主要是养的鸽子金贵，是稀有品种，怕丢了，回家进屋了才踏实，飞太多容易乱也容易丢。

鸽子一飞起来，好不好全看出来了。你不能瞎飞，不能想飞什么就飞什么，这里面也有讲究。搭配指的就是我这一盘儿12只，要搭配品种，要搭配颜色观赏来飞。比如飞10只点子，配两个楼鸽，要是飞一个品种太单一，上天看着也单调，不怎么美观。颜色上比如飞10只白的，搭两只紫的，得是差样的，不能是一个色（shǎi）儿。

“看闪”是怎么回事呢？鸽子在地上的时候，你看鸽子脖子上的毛，它是有颜色的，而且在太阳光下是一闪一闪的，成年的鸽子脖子上都有颜色，以紫色和绿色为主。飞上天以后，鸽子脖子的光闪看不见了，但是可以看到鸽子翅膀反光的颜色。鸽子翅膀颜色有的不一样，常见的主要有白色的、黑色的、紫色的和灰色的。随着鸽子在空中飞翔盘旋，飞的方向有时逆光有时顺光，也就是对着太阳的方向、角度不同，太阳光照到鸽子的翅膀上，翅膀下面就能反射出不同颜色的光。[1]这也是一亮一亮的，所以飞起来以后“看闪”，就是看翅膀闪亮。要不怎么搭配飞呢，比如你飞“乌头”是白翅膀，你再飞俩“铁膀儿”，它是黑翅膀的，它反射出的光芒是不一样的。

最后，“听声”是鸽子飞起来以后，我要听你家鸽子飞的声音，就是看你这鸽子养得好坏，这是考验养的功夫，主要是看膀子齐不齐。养得好坏，鸽子飞的声音是不一样的。比如你这鸽子翅膀缺两根条（翅膀的羽翎），这飞起来声音就是“噗啦噗啦”的，它就不好听。要是养得好，你这鸽子一根条不缺，从街上一飞，从人家脑袋顶上一过，就听见翅膀扇风的声音，是“唰唰”的（声音），或者是“哗哗”的声音，这是正常音儿。

[1] 这里主要指太阳光照在鸽子翅膀的底下，因为人站在地上，看到更多的是鸽子翅膀的底下的光。身上有时也闪光，但是翅膀下面的光是最明显的。

三 / 民间竞技水平高

飞鸽子也有讲究，咱就说过去养的这些家鸽子，不是放远的那些品种。看家鸽子飞不图快，不图高，不图远，就是绕着房子飞几圈就回来，就进棚了，都是金贵的品种，不舍得老飞，一是累，二是怕丢，三是怕遇见鹰。

原来一条胡同里，好几家都养鸽子，互相聊天切磋技巧，街里街坊的飞鸽子也比试，你飞起一盘儿，我也飞一盘儿，比比颜色

▲ 鸽子

啦，比飞得整齐不整齐啦，看看谁又进了新的鸽子啦，这是比较和平的比法；也有邻里之间为了鸽子打架的，互相不过[1]的，咱就不提了，要不怎么也有管这叫斗气虫儿的。

比较和平的是街坊几个人比赛，比什么呢？过去都住胡同里，家家都是平房，出屋就进院，抬头就看见天。真正比赛时，几家在下边儿沏上茶，往那儿一坐，在竹竿或者笤帚把儿上绑一红布条，之所以用红布条，一个是鸽子怕红色，一般鸟类都怕红色，再一个是红布条在天上看着也明显。主人手一挥红布条，这鸽子就飞起来了。可不能瞎飞，这鸽子得听你的，你自己得指挥好你这12只鸽子，这手里的竿子和红布条就是你的指挥棒。平时就老这么训练，鸽子就习惯了，就按着你的指挥飞。

鸽子就围着你的房子飞，就是转儿圈，没有说跑远了的，没有说不听话的。叫它往南走，它就往南走；说往北走，它就往北走。指挥就拿手上的红布条，“啪啪”往那儿一抽，它就往那儿飞，叫它往哪边飞就往哪边飞。这是玩儿，玩儿的就得是这范儿嘛！

▲ 老舍《正红旗下·小型的复活》封面

▲ 老舍《正红旗下·小型的复活》内文页

关于飞鸽子的讲究，在老舍先生的《正红旗下·小型的复活》记载：

[1] 不过：北京方言，指交情不但不深厚，甚至有小恩怨。

多甫大姐夫正在院里放鸽子。他仰着头，随着鸽阵的盘旋而轻扭脖颈，眼睛紧盯着飞动的“元宝”。他的脖子有点发酸，可是“不苦不乐”，心中的喜悦难以形容。看久了鸽子越飞越高，明朗的青天也越来越高，在鸽翅的上下左右仿佛还飞动着一些小小的金星。天是那么深远，明洁，鸽子是那么黑白分明，使他不能不微张着嘴，嘴角上挂着笑意。人、鸽子、天，似乎通了气，都爽快、高兴、快活。

今天，他只放起二十来只鸽子，半数以上是白身子，黑凤头，黑尾巴的“黑点子”，其余的是几只“紫点子”和两只黑头黑尾黑翅边的“铁翅乌”。阵式不大，可是配合得很有考究。是呀，已到初秋，天高，小风儿凉爽，若是放起全白的或白尾的鸽儿，岂不显着轻飘，压不住秋景与凉风儿么？看，看那短短的黑尾，多么厚深有力啊。看，那几条紫尾确是稍淡了一些，可是鸽子一转身或一侧身啊，尾上就发出紫羽特有的闪光呀！由全局看来，白色似乎还是过多了一些，可是那一对铁翅乌大有作用啊！中间白，四边黑，像两朵奇丽的大花！这不就使鸽阵于素净之中又不算不花哨么？有考究！真有考究！看着自己的这一盘儿鸽子，大姐夫不能不暗笑那些阔人们——他们一放就放起一百多只，什么颜色的都有，杂乱无章，叫人看着心里闹得慌！“贵精不贵多呀！”他想起古人的这句名言来。虽然想不起到底是哪一位古人说的，他可是觉得“有诗为证”，更佩服自己了。[1]

[1] 老舍：《正红旗下·小型的复活》，文汇出版社2008年版。

四 / 鸽子的选美比赛

街坊之间玩鸽子比飞、比养的水平，还得看谁家的鸽子品种好。过去谁手里有了好鸽子，都养得仔细着呢。什么是好鸽子，你得懂，你得会看。鸽子的品种比较多，有咱们本土的品种，有国外的品种。中国的鸽子品种就比较多了，各个品种是什么规矩，什么长相是好的，也都有讲究。

过去老北京人都讲究玩“家鸽子”，就是观赏鸽。大部分家鸽子的记性不如信鸽，就说它不如那些放远的鸽子，一放能飞上千公里，要不有人说家鸽子傻，家鸽子是比信鸽爱丢，它就是这么个品种，以观赏为主。可是，好的、讲究的、值钱的，过去还是家鸽子多，要不怎么都不舍得飞呢，怕丢。

过去街坊养鸽子的几家里，谁家要是有了好鸽子，那可能显摆了。一般都是去鸽子市淘换的，可是好鸽子少，不好遇上。要是谁家新有了好鸽子，街坊也喜欢，就求人家给孵俩小的。要么呢，就是上人家那儿要俩鸽子蛋，回来自己孵。跟人家说是要小鸽子、要鸽子蛋，没提钱，但肯定不能白拿人家的，去人家家里（要小鸽子或鸽子蛋）那天，得给人家带点儿粮食。

找好鸽子不容易，要么自己去找，要么街坊有，跟街坊求俩好鸽子的小崽儿。什么样的才算是好鸽子呢？这是有标准的。首先说（鸽子的个头），这鸽子没有像现在这么大个儿的，过去都是一尺半长、八寸这么大的（从鸽子头到鸽子尾巴的长度），现在的鸽子个头有的太大了，那都不对。

其次看眼睛。鸽子的眼睛大致有三种：金眼、豆眼和葡萄眼。不同品种的鸽子有不同样式的眼睛。拿点子来说，点子就是金眼，它眼皮是青白色的，主要是为了飞起来防风。再像“黑玉翅”“黑皂儿”这些鸽子的眼睛是豆眼。像“银头”“黑棱儿”就是葡萄眼。

接着看鼻子。鸽子的鼻子不大，但是要鼓起小包来才好，半圆的，就像半个黄豆粒扣在那儿一样。

再下来看嘴。鸽子的嘴可以按大小、长短分成三类：啄嘴、墩嘴、豆瓣嘴。这三种嘴相比，啄嘴稍微长一点、尖一点；墩嘴最小，它基本是比较齐的，几乎看不见，最小；豆瓣嘴也叫小嘴，它的大小在啄嘴和墩嘴之间，豆瓣嘴也有个小尖。这三种嘴的鸽子中，墩嘴吃食儿是稍微费劲点的 。

最后看毛色。是什么品种的鸽子，就得按规矩长毛色。该白的地方白，该黑的地方黑，不能有一根杂毛。比如说“点子”，尾巴是黑的，“葫芦”（指尾巴和身体连接的上半部分）那儿就得是白的，不能有杂色的毛。

五 / 玩鸽哨

玩鸽子再一个就是玩鸽哨。老舍先生《正红旗下·小型的复活》记载：

这一程子，他（多甫大姐夫）玩腻了鹞子与胡伯喇，改为养鸽子。他的每只鸽子都值那么一二两银子；“满天飞元宝”是他爱说的一句豪迈的话。他收藏的几件鸽铃都是名家制作，由古玩摊子上搜集来的。[1]

这就说明京城玩鸽哨有历史，制作好的哨子就比较值钱，而且当时在京城做鸽哨的不止一家，做得好的名家的哨子就更值钱，都是从古玩摊上淘的，鸽哨也跟古董似的了。

从每年的农历八月十五到第二年的五月节，这段时间都可以给鸽子戴哨。夏天（之所以不给鸽子戴哨），一个是太热，要是再给鸽子戴哨，鸽子会更累一些。

普通人家养鸽子，也有给鸽子戴哨的。过去给鸽子戴哨都

[1] 老舍：《正红旗下·小型的复活》，文汇出版社2008年版。

是家里有喜事了戴上，比如家里中秀才了，再有就是过年的时候戴。所以做哨也是做声音高亢的（鸽哨）多，低沉的少。

原来老辈人做哨，讲究你说做什么音，你要什么音的，就给你做出什么音来。古音是五个：宫、商、角、徵、羽。这五个音你要什么音，就做什么音。现在简单说就是三个音：温儿（wēn'er）、哇（wā）、嗡（wēng）。这三个音又能做出高、中、低三个档，这就是九个音。飞起来的时候，声音有高有低，是搭配起来的。别看鸽哨个头不大，但是它里头讲究不少，它和流体力学这些物理知识都有关系，跟音乐也有关系。过去，这么一个玩，也一点都不简单。所谓玩，就是玩鸽子、玩鸽哨。首先过去不论皇宫还是民间，养鸽子图的就是玩，按现在的话说，鸽

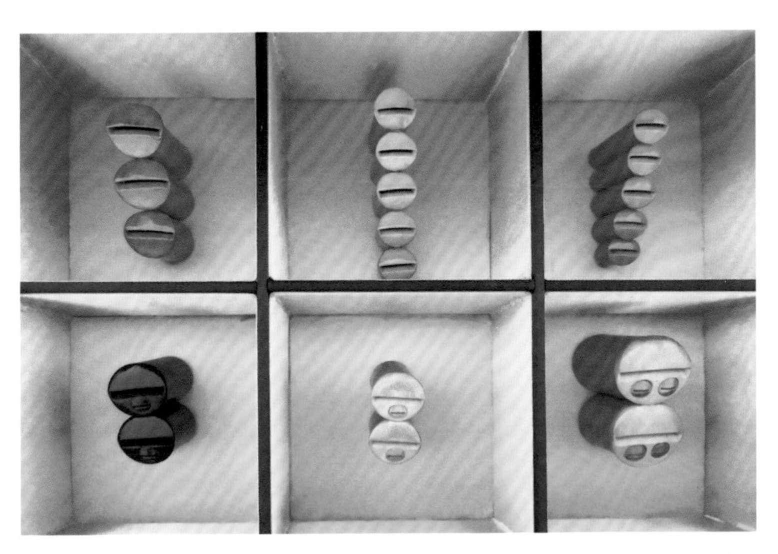

▲ 鸽哨，三联鸽哨（上左）、五联鸽哨（上中、上右）、四响二筒鸽哨（下左、下中）、六响二筒鸽哨（下右）

子就是个宠物。玩鸽子能玩出花样、讲究，就像我刚才跟你说的那些个比赛什么的。其次就是玩鸽哨，这个鸽哨玩得就更深、更讲究了。就像我前面说的那些，鸽哨经几代人的发展，已经和其他好多方面都有关联了。

贰 回首我的手艺之路

一 / 没落的大家庭

我是1949年出生的，是共和国同龄人。1949年之前，我爸爸（何占宽）带着一家人回到现在我住的这个地方，也就是我们三河老家，我是在这儿出生的。1949年以后，我们就进了北京城，当时就住在朝阳区。

我爷爷的爸爸（何宪武），我叫老爷子，当时是搞运输的，就像现在汽车运输一样，不过，他那时候用的是骆驼。北京北山里头，就是现在的怀柔（区）啊、延庆（区）一带，到秋天每年谁家有多少棵树，能出多少果儿，他全知道。没熟时，他就去看了，等果儿熟了，果农摘下来他给钱买下来，然后从北山往城里运。

老爷子有一个驼队，那时候驼队论“把”，最早一把是6只骆驼，老爷子一般都是雇12把，这骆驼是他租来的，专门搞运输，不是自己养的。你算算，得有小100只骆驼往北京城里运果子。听老人说，那时候出城，往北都没有山路，没有道走，就是走山沟，单程是两三天的路程。老爷子就这么往来城里城外运果子，可以说那时候北京城里吃10个果子，得有3个是我家老爷子用骆驼驮进来的，他不是一般的销售商，应该算是批发商吧。

到我爷爷（何庆连）这儿，没子承父业，爷爷是做皮具生意的，家里有一个皮革厂。我爸爸也没干我爷爷这行，他是河北汽车行开车的，那时候汽车还少呢，都是有钱人才有。所以说，不算我，往上数三代，我们祖上都是做买卖的，家庭条件原来还是不错的。可是，其实从我爷爷这代，家族就开始败落了，原来家里的厂子在鲜鱼口，后来就给卖了。1949年以后，我们回到朝阳门是家里亲戚给租的房子。

二 / 从小与鸽子和鸽哨就有缘

（一）快乐的童年时光

我们家我这辈儿，搭我一共是四个人，我跟我弟弟差了十一岁，怎么差这么多呢？因为我和弟弟之间父母还生养过几个孩子，可是后来都去世了。要是都健在，我们就是个挺大的家庭。我父母没少生养。那时候，家庭条件就比较差，孩子多，家长也顾不过来，你晚上不回家睡觉也没人找你，没人管你。

还没上学时，没事就去邻居家串门儿，（在邻居家）一待就是一（个）小时或者更长时间。那时候也不像现在有手机玩，我们小时候没有什么可玩儿的。几个孩子一块儿，今天去这家，明天上那家，家里大人也不管。那会儿一边大的孩子挺多的，所以就大家伙一块玩呗。

我们家那时候没养鸽子，邻居家有养的，我们几个孩子就老去人家那儿看去。人家不烦我们，也没轰我们，不过我们倒是怕人家讨厌（被打扰），以后不让（我们）去了，所以（我们）也不乱动，就趴鸽子窝那儿看鸽子去。从小就喜欢，就觉得鸽子挺好玩的，也挺漂亮的。

（二）我就爱去王大爷家

后来上了小学，那会儿（每天）上半天学，学校没有那么多地方，上半天写完作业就（可以）回家了。礼拜六、礼拜日也没课，一整天就都没事儿干了。有一天，（我）跟着小伙伴就串到了王大爷家。

进（王大爷）家就看见他在那儿做活儿呢，一开始也不知道那是做鸽哨，后来才知道的。进屋以后也不敢说话，就看着他做，我就觉得弄这弄那挺好玩的。后来就老上他家去看，他也不理我，也不让我碰，什么都不让我动。慢慢地熟点了，他让我帮他跑个腿儿，买个盐啊，打点酒啊，那时候都是散装的白酒，就是白干啊，那时候酒的度数都比较高，味道也不是多好闻，喝完了还有点头疼。我就帮王大爷跑腿儿。回来吧，他还是什么都不让我动，不过，他会跟我唠叨几句哨子的事。

其实，我家里不愿意我去王大爷家。我们家就不养鸽子，也不让我去王大爷家看做鸽哨，因为我爸爸觉得干这没出息，这不是正经营生。可我还是爱去王大爷家，没事就去看着他做鸽哨。

三 / 一把二筒带来的转机

去王大爷家有一年多了，那时候几乎天天去，没事就去，他也不轰我，可他就是不让我碰他的东西。慢慢地，他做的这些东西，简单的我大概就看会了。有一天，我拿了一个我做的二筒给王大爷，他盯着看了足足有10分钟，说："小子，这是你做的啊？行啊！"

就这样，就从那时候开始，他再干什么就叫我打下手了，我动什么也不再说我了。有时候让我做个底儿，后来又让我开始干活儿了，干完活儿有钱了他还带我去喝酒。要是赶上有人要哨子，整晚上整晚上地做哨子，他让我干，让我搭把手，我就干。王大爷就说："你学会了你也做一点，大家都轻松点儿，完了还能多喝二两。"那时候，一把二筒就能卖五毛钱，就能换一斤酒喝。那时候，二级工一个月也才挣18块钱，就是六〇年（1960年）左右的事，那时候也不喝好酒，就喝那散白干儿，辣味冲着呢。

一开始我做得不太好的（鸽哨）就烧火了。慢慢后面做的（鸽哨）基本上顶上事儿了，王大爷就告诉我："还说什么呀？我得带你上市啊。"什么是上市？像现在唱戏的，为什么师傅唱一句，徒弟跟着唱一句，那不就是捧嘛，等于是用老师的威望和名声带自己的徒弟，捧角儿嘛，一点点让大家知道徒弟，慢慢让徒弟也有了名气。他带着我去鸽子市，就是带我上市，完了以后说什么呢？得叫人认识我，没人认识我，谁知道我是永字传人呢。上市以后呢，买的卖的人都有，谁想跟王大爷求把哨呢，就会找王大爷来聊天，说说哨，这么一聊，就自然而然地提到我是（他的）徒弟，就这样把我介绍、推荐给了所有那些鸽友们。鸽子市上的那帮小年轻他不理呀，主要（把我）介绍给那些老号的（鸽友）。那时候我才十几岁，我主要就是看啊学啊。

我后来就一直跟着王大爷做，谁要来他家瞧见我，他就对外人说："这是我小子。"他没有那么讲究，其实就是看上我了，看上我是这么块料，是这个坯子，用现在的话说，（就是觉得我）有这个（做鸽哨的）潜质，他不需要什么拜师仪式，也不需要我送他什么礼品或学费，他什么都不需要，不仅白教我，还管吃。（正因为受王大爷的影响）我现在对徒弟也是这样。

四 / 王大爷何许人也？

王大爷大名叫王永富，他比我爸爸还大十几岁，所以我叫他王大爷。从我去他家时他就一个人，老是一个人在家做活，后来我知道他也结过婚，还有一个女儿、一个儿子呢。他的女儿大，儿子小一点，他儿子还比我大10多岁呢！可是做这个养不起家，他又有八旗子弟身上的那些毛病，挣钱没有花钱快，后来王大爷的老丈人就把闺女和外孙子、外孙女都接走了，再也没回来。他老丈人家就住（在）现在朝阳区六里屯一带。

王永富是永字鸽哨的第三代传承人，他1908年出生，1973年去世，是永字鸽哨第二代传承人小永的侄子。王大爷家在旗，可家里也败落了。本来他就是庶出，王大爷的母亲本是王家的丫头，被主子收房，生下王大爷。正房不喜欢他们母子俩，等王大爷的父亲去世，正房就把他们娘俩轰出了王家大门。王大爷一生挺不容易的。

我大爷王永富做鸽哨挺有特色，我们永字前三代都是各有各的特点。第一代老永做的筒哨比较多。第二代小永做葫芦哨做得更细致，他能做出双截口的葫芦哨。到我大爷这儿，他人聪明点子多，又做出了好多新品种，尤其是果壳类。

我王大爷是跟着他叔叔（铁爹）小永学做鸽哨。可是小永身体不好，小永走的时候，王大爷才十几岁，还比较小呢，他跟小永学了一些招数，有的还不深，年纪在这儿摆着呢。小永也想到这点了，临走时就托付了一个人来带王大爷，说你得把我这个侄子给带出来。

这个人叫吴子通，本来也是跟小永学做（鸽）哨，吴先生没比小永小几岁。原来拜师学艺是有很多要求的，有技术要求，有传承传统要求，有岁数要求，有很多讲究。首先，技术要求就是你得有一定的水平才能收你，师父也看上你，觉得你是可塑之材才收你，不是谁想学都能学的。再有规矩，就是将来传承上，你落款刻字，可以刻你的名字，刻你的号，这都没问题，因为这是你一个人的名或者号，但是不能刻姓。因为姓是家族的姓氏，是众多人的，不是你一个人的。岁数要求就是年龄得拉开，师父、徒弟这是两代人，不能跟师父没差几岁，那都不行。吴先生因为和小永年龄相近，就没有拜成师徒关系，后来吴先生另立名号，称为“鸿”字鸽哨。

吴先生人特别好，憨厚，也不爱说话。小永走了以后，王大爷就去找吴子通学做鸽哨。吴先生也真教，没有辜负小永的托付。这样等于我王大爷是集小永和鸿字两家的特点做鸽哨。我王大爷学会了以后又自己发展，开发出了新的品种，在京城也慢慢变得有名了。这个有名不是我说，老人都知道。你看这是我去看望赵书珍老人时拍的照片，她是1928年5月生人，今年（2019年）92岁。赵书珍老人告诉我，她原来在打磨厂口里，摆过一个压饸饹的饭摊儿。她就见过当时珠市口路口南路东挂货铺里有卖永字鸽哨的。

▲ 何永江与赵书珍老人（何永江提供）

五 / 两代传人：老永和小永

我王大爷是和小永学的做鸽哨，说小永就还得说他爸爸老永。这老永和小永是爷俩，老永大概是在1830年出生的，是永字鸽哨的创始人。老永家是旗人，而且是地位比较高的旗人，是一位王爷的后代，家道在那时候还不错，他天天没什么事干，但每月俸禄领得不少。老永没事就做鸽哨，做完了他也不卖就送人。

老永做鸽哨的手艺是跟宫里的一个太监学的，这个太监姓王。王太监祖上就和老永家认识，王家人本来是老永家的“包衣奴才”。包衣奴才就是主子家管吃、管住、管用的下人，（这类下人）他可以结婚生孩子，不过生的孩子还是主子家的奴才，过去有这样的。

王太监本来应该随着家里也成为老永家的家奴，结果因为小时候爬树的一次意外对身体造成了伤害，老永的爷爷就说让他进宫当太监去吧。这就等于是老永家帮着说了，他才能进的宫。后来，王太监在宫里还挺得宠，用现在的话说混得不错。他怎么混得好呢？一个原因是他是旗人。过去没有旗人去当太监的，太监都是穷苦人家吃不上饭了，才迫不得已走这条路。

王太监和他祖上家里人最初也不是旗人，他们本来都是汉人，后来因为在老永家待了多年，伺候主子家伺候得好，得到了老永家的赏识，王太监一家就“抬旗”了。意思就是“认你是旗人了”，等于后来认可你，算你是在旗了。

王太监进宫以后干得不错，后来也管过宫里的花、鸟什么的，最后到老了得到恩典，允许他出宫养老。出宫以后呢，他就住在现在安定门内，那时候有个叫“极乐寺”的地方。你现在去安定门那儿问老人，都知道安定门内过去有一个王太监府，就在现在的永康胡同那儿。

王太监出宫后住在极乐寺安享晚年，宫里还给他配备了小太监陪着他出去活动活动。王太监经常去的一个地方就是隆福寺，为什么去那儿呢？隆福寺历来就热闹，农历每月逢初一、初二、初九、初十都有庙会。卖什么的都有，（有）卖吃的、卖花的、卖鸟的，那儿还有一个鸽子市。王太监在宫里就弄过那些花、鸟什么的，来隆福寺还能看见他在宫里弄的玩意儿，所以他就爱来这儿。

一般王太监在臧氏篾子铺落脚休息，有一天，王太监看见篾子铺进来一个穿着不俗的人：福字马褂，紫色长袍，手上戴着翠绿的扳指，腰上还别着玉佩子。这人正是老永。一聊起来王太监才知道这就是原来主子家的后人，就和老永认了主。

皇宫里过去玩得讲究，有鸽子，也有鸽哨。王太监看见过，做鸟笼、剜鸽哨他也都会。王太监在篾子铺用剩料和伙计们做点小玩意儿。老永也挺喜欢的，就和王太监一块儿做点小玩意儿，其中就包括做鸽哨。

过去宫里的东西不能带出来，王太监冒着杀头的危险，把鸽哨带出宫，两人没事就琢磨着做鸽哨，试着按照宫里的样子做出鸽哨，两人又做点不一样的新品种。老永没别的营生，也好钻研鸽哨，慢慢就创立了“永”字鸽哨。老永做二筒最为擅长，是京城鸽哨“老四家”，“惠”“永”“鸣”“兴”中“永”字的代表人物。

小永学习他爸爸老永的手艺，也做鸽哨。小永1923年去世，他出生在什么时候没有人知道。老永老来得子，之前生的女孩都健康，可是男孩都生病去世了。后来好不容易又得了小永，怕活不长，就不去计算他的岁数，所以他的生辰后来就没人知道。

小永生下来就跟原来家里去世的那些哥哥一样，身体瘦弱，他倒是没夭折，但是死得还是比较早。小永比较聪明，他们家里也有条件，他不光能识文断字，还看过不少书。大一点以后和老永一块儿玩哨，也学着做哨。小永做葫芦哨最多，也最有名气。他对永字鸽哨进行了改进，老永葫芦哨的小响（也有叫小崽儿的，指排列在葫芦上的小筒）是往外斜的比较多，小永改成不那么倾斜，是往里收的，就比以前好看了一些。后来小永做哨的名气越来越大，慢慢超过了老永。有一时期，人家都把小永请到家里包吃住，就是为了做哨、玩哨。京城鸽哨有名的“小四家”——“永”“祥”“文”“鸿”，头一个就是“永”字，就是指小永。

小永从小身体差，长大了也是又矮又瘦，没有姑娘愿意嫁给他，所以他无后。小永做哨有钱的时候，花钱大手大脚，后来岁数越来越大，身体更差了，就做不了哨了。家道中落，他自己的钱财早已挥霍一空，后来俸禄没的领了，小永又没有其他什么经济来源，所以他在去世前生活特别苦。但是，他不想把他做哨的手艺给断了，就想起了侄子王永富，也就是我王大爷。

只可惜王大爷王永富还没有全学会，小永身子就不行了。小永知道自己日子不长了，就托付吴子通教王大爷。小永原来在东四的祖宅早就变卖干净了，最后是死在了朝阳门外的一处破棚户房里，临终前一直是我王大爷陪着。

六 / 标准的北京爷

什么叫北京爷？得是个人物啊！谁家都怕他，谁家又还都离不开他。我王大爷就这样，是一个地道的北京爷。

有时候，要么是胡同街坊打架打得跟死敌似的，谁劝都劝不住；要么是一家子公公婆婆跟儿媳妇、孙媳妇打到一块儿，打得跟一锅粥似的。

王大爷去了，一进屋往那儿一坐。两边自然就都停下来，都先不打了，还把酒端了上来。他进屋，别的话都不说，直接就说："嘿嘿嘿，你们家有完没完？没事，吃饱了撑的？日子过好了？是不是你们家小米长芽子了吧？"

怎么是小米呢？过去没有工资给工人，不是给钱，是按一天一人挣多少小米，等于是拿小米当口粮，那时候发小米。小米能长芽吗？都是脱了壳的。他说这一句话"你们家小米长芽子了"，意思是说你们家小米搁得都长芽了，说明你们家富裕啊，这富裕了，就没事儿干，打架玩是不是？

就他这么几句，两边也就不打了。一个是大家伙都指着他呢，一个是他这人本身也是热情仗义。有的人家是干看热闹，有的人家也想管，又不敢管。王大爷就出头，敢出头也爱出头。

劝架完了，酒也喝了，饭也吃了，这慢慢不也就都缓和了。劝好了还得说："我走了，别打了啊，你们再打啊，以后你们家有事我可不管了。"如果是公公婆婆跟儿媳妇、孙媳妇打架，他还得劝，说公公婆婆："你俩这么老了，人家儿媳妇、孙媳妇怎么你了？瞧你们这边这没完没了啊！"就这样就几句话，就解决问题了，这就叫劝架拉和儿[1]、抖份儿[2]的北京爷。

怎么他去就管用呢？这不是街里街坊婚丧嫁娶的事还都指着他嘛！那时候，说谁家娶媳妇这是好事，这都好办，大家也都爱跟着帮忙。要是有丧事儿呢？那不麻爪儿[3]了。哎，赶紧的，就给王大爷请去了。过去还没有火葬场、殡仪馆什么的呢，就是得找地方给人埋了，也就是土葬，那时候还都用棺材呢！就这些事儿，都找王大爷帮着操持。

事主把王大爷请到家来，王大爷先问："你们家有多大包持。"就是说你们家什么条件，要出多少钱来干这件事儿。人家说多少钱。"哎，行了，你甭管了，他就按这钱数给你办这事儿。"说完了他就走了。超不过俩钟头，所有的东西就全给你弄上来了，把人抬出去，把这事儿还得给你办得红红火火的，最后你算账去，准保花不到你说的钱数。没花那么多钱，还得帮你把这事办漂亮了，这就是帮忙是个说儿的北京爷。所以街坊邻居谁家的红白喜事都离不开他，要么怎么他劝架人家就听啊，以后还得找他办事呢。

---

[1] 调解矛盾，促成和好。文中具体指：在胡同中，了解各家情况，又有一定影响力、说服力的人，出面调解矛盾，平息事端。

[2] 抖份儿：显示，炫耀。文中指：显示自己才能，有丰富生活经验和阅历。

[3] 麻爪儿：戏言束手无策，也指心里没底。

这都是帮忙，街里街坊的帮忙，王大爷是热心人，他干这些事都不要钱，白帮忙，就落一个忙活。可要是遇上那些有点钱又好吹牛的人，一准得让你多花钱。毕竟过去办丧事跟着忙活的这些人，（比如说）厨子啦，都指着跟王大爷吃饭呢。所以说大家伙儿又怕他又恨他又都离不开他。这就是既平事又帮忙，要不怎么说是个“爷”呢！

王大爷还有盘灶的手艺。盘得好不好，进出风痛快不痛快，炒菜时，火头好使不好使，都在手上掌握着呢！他给人盘灶也不要钱，管顿酒喝就齐活了。有时候吃不上饭，带着我去个小饭铺，对饭铺掌柜说：“肚子叫唤呢。”什么意思，就是饿了。人家就给拿出点吃的，白吃，不要钱。这一片儿好几条街道，有不少小饭铺呢，实在困难时，一次去一家，就能管儿回饭辙呢！穷也有穷的派头和讲究，衣服笑破不笑补，打着好多补丁，可只要往那儿一坐，自有爷的派头。

王大爷脾气有点各色，不过他对街坊邻居还是热情的，所以人缘还行，要不他最后老了，都是邻居帮忙，这家给点儿吃的，那家给点儿吃的。王大爷比较耿直，北京爷就是仗义、耿直、疾恶如仇。说话直，让他也得罪了一些人。他一个是瞧不上为了钱，就低头哈腰的。北京爷嘛，得有骨气。再一个就是王大爷的活儿做得好、做得细，他也老有点子让永字鸽哨跟别人家不一样，所以也让一些同行不乐意了。有时候在市场上看见做得糙的哨子，他就得闹腾得人家开不了张，（临走）还得撂下一句话：“丢手艺人的脸。”这就是较真儿的爷！

你说他是好人，他算不上多么好的人，可你说他不好，你又说不上来他（有）什么毛病，还叫大家伙儿谁都离不开他。他就是这么一位穷困潦倒又好讲面儿的北京爷。

七 / 怀念王大爷

我从小去王大爷家看他做哨，然后跟他学，帮他做，他也带我上市，一直到1968年我插队，就离开了王大爷。插队就在三河，我不能经常回去看王大爷，他那时候身体已经不好了。

我有时候一个月，有时候两三个月进一趟城，回朝阳门看王大爷。他那时候有点糊涂了，有时糊涂有时明白。他腰不好，长年卧床不起，他又一个人，身边没人照顾，吃饭什么的都是靠好心的邻居帮忙。而且，后来他大小便失禁了，他明白的时候生活能半自理，糊涂的时候生活完全不能自理，所以王大爷头去世那阵儿挺受罪的。

我那时候晚上五点下工，然后吃了饭收拾好了，就骑自行车进城。从三河骑到朝阳门，得骑三个多小时。到王大爷家已经是晚上八九点了，然后给他洗澡，给他弄点饭，打点酒，洗衣服、床单、被罩什么的，再晾上，就差不多十二点了，有时更晚，得凌晨一两点。然后，我再骑自行车回三河，每次回来天都闪亮了，等于就是一宿。第二天还得上工呢。

凡我去就是这样，帮他弄吃的、喝的，洗洗涮涮。我不能天天去，他那时真是挺惨的。冬天，我给他换衣服，那裤裆里都是冻屎，都成坨了，那就是很长时间没清理，给冻上了。原来，我根本没法想这段，就一直埋在心里头。

最让我一直过不去的是：王大爷走，我也没陪着，我都不知道。王大爷是冬天没的，赶上年底，插队的知青就没让进城，人都没了半年了，我才知道。原来每次一回来，我都去他那小屋去看去，那次，我一进屋就纳闷儿，我说谁给归置得这么干净啊？我当时也是年轻，也没问清楚，就问："你们给王大爷弄哪儿去了？这东西怎么都没了，都换了？我王大爷呢？"人家说人早没了。

后来警察来了，警察告诉我，王大爷没了好几天，邻居才知道，这才报了警，警察来了送到火葬场，然后按无主给处理了，等于骨灰我也没见着。唉……

当时，我站在他门口，愣愣地站了半天，也不是哭，也不知道想什么干什么。就往那儿一站，就好像自己的灵魂没了，就剩一个躯壳站在那儿。我好长时间回不过神儿来。

这是一种什么情感呢？我管王大爷叫大爷，那其实就是父子。师徒如父子嘛！我爸爸给不了我的东西，他能给我。比如什么呢？一个是吃喝上的，首先六〇年（1960年）的时候，吃喝家家都挺难的，那会儿谁家不是七八个五六个孩子呀，也没人把孩子当回事儿，就他这儿，还拿我当宝贝似的。有了钱了，他也不知道存着，也不节省，光顾着带我下馆子。而且那会儿下馆子，他光喝酒，让我吃烩饭吃饱了。

从我八九岁到十几岁，一点点地懂事儿，人间的冷暖，人情世故，这些都是从王大爷这儿慢慢学会的。他的这个情，我是永远报答不完的。

可是到他后来病了，你得端茶倒水，你得过去伺候，哪怕给弄一碗热水喝，这都可以，可是我什么都没做到。现在也只能落下一个想。（说着说着，何永江老师低下了头）

原来我没法说这段，因为一想到王大爷后来的日子，想着我也没能见到他最后一面，我就哭，哭得厉害，所以没法说，就不想这段事。现在好点了，我缓过来点，能说这段历史了，就是从第一本《北京鸽哨》这书出版以后，我慢慢好点了。因为什么呢？因为我给我王大爷正名了。原来没有任何书啊、资料啊详细记载过他，有也只有姓，现在我的书里第一次把王大爷的名字“王永富”写了出来，让大家知道他，这算是我对他的一种告慰吧。

王大爷还有我师爷原来都在朝阳门这地方住，以前王大爷没了以后，我就没回去过，好几年不回朝阳门那儿了。不过现在逢年过节什么的，我年年开始回去看看了，年年去找找当年（王大爷和师爷住的）地方，就是到那儿什么也不说，就是走走，转一转。头几年，王大爷他门口那块地方，原来北头那儿有一块大铜牌儿，后来也没有了。每年回去，只能去他住的那儿转一转。

为什么怀念王大爷呢？他不光教给我制作鸽哨的技术，还教给我做人做事的规矩。就在我插队回去看王大爷的时候，他有时是明白的。明白的时候，他跟我说了一句话：“小子，传这门手艺得要有点德行。”这是师父最后留给我的话，我一直记着，也一直是这么做的。什么是德行？（德行就是）得与人为善，别太

在乎钱，得把手艺传下去。过去，大家生活都困苦，手艺人生活也是，所以，同行之间竞争也不小，也有恶性竞争的。所以，王大爷最后告诉我，要与人为善，做人要有德行，要讲良心。我想这是他一生的总结，我会一直记着他的话。

八 / 鸽子就是我们的信物

我是插队时结的婚，就在三河这儿。插队时认识了老伴儿尚利平，她也是从北京来的知识青年，当年我19岁，她16岁。那时候我家里人都在城里，就我一个人来到农村，都是十几岁的孩子。你算那会儿，我作为男孩子，生存都难，更别说一个16岁的小女孩了，一个人在农村怎么生活呀？后来（我们）就互相帮衬着，1968年开始插队，1973年结婚。

我那时候一直养着鸽子，就是结婚前就养着。老伴儿虽然也是老北京人，但是她没养过鸽子。那时候我发现有的小女孩怕鸽子，有的嫌（鸽子）脏，我怕她也嫌弃鸽子，所以我就想，我得让她熟悉鸽子，适应我养鸽子。那时候也都是很年轻吧，想送她点儿东西吧，也没什么可送的，不过十几岁肯定都喜欢小动物，得了，那就送她两只鸽子养着玩吧。于是我就说："送你两只漂亮的鸽子，你养着玩吧。"鸽子刚送给她两天，我就又给她换了（新的鸽子）。今天养两只点子吧，过两天给她两只乌头什么的，就是老让她新鲜着，也是让她多瞧瞧不一样的品种，慢慢地就影响着，让她能接受鸽子，也习惯和喜欢养鸽子。

后来她就告诉我，她觉得：这鸽子跟小猫、小狗不太一样，她发现鸽子比较温顺，而且鸽子看着你的时候，它那个眼神非常的温顺。它歪着脑袋这么看那么看，眼神非常的柔和，而且就是让你有一种非常安静的感觉。老伴儿就等于慢慢了解鸽子了。

而且养鸽子时间长了，我们也老聊天啊，我告诉她好多东西，她也就慢慢知道，鸽子“咕噜咕噜”怎么叫，什么声音是怎么回事，比如什么是渴啦，什么是饿了，她就都明白了。

结婚后，我们就一直养着鸽子，一直到现在都没断过。可是，我没跟老伴儿说过我会做鸽哨。因为王大爷没了，就是有点心灰意冷的，不想再做什么了。有几年就都不做，就撂下了，那时候养鸽子的人也少了，好多鸽子的品种都没有了，对鸽哨也不那么上心了。

九 / 我和孩子们

后来有孩子了呢，那时候正是物质匮乏的时候，哪像现在物质这么丰富，那时候哪有那么多可吃的东西。我记着给孩子买过那个动物饼干吃。那时候也没东西，说吃一油饼，我从这儿得骑车，一直往西，得过了潮白河，上宋庄那儿买，这边都没有卖的。你想买点肉，你得有肉票，没有肉票人家不卖给你肉。那时候穷啊，真没钱，你在农村一个劳动日挣一毛八。那时候是拿工分换钱，我干一天活挣十分最高分，才值一毛八分钱。儿子瘦得呀，就剩一大脑壳，细脖儿大脑壳的。他非得要吃肉，瞧人家吃肉，非要吃肉。最后实在是也没别的办法，手痒痒，没钱也真不行，我做了一把二筒卖了两块钱，给孩子买点吃的。

我是先有的儿子，后来又有了一个闺女。1974年，我到煤矿工作，就是三河这个煤矿搞维修。以前，在村办工厂钳工、模具工都干过，电、焊、钳、铆、瓦、木这些工种我都会干。工人就有工资了，我老伴儿后来也在一个工厂上班，我们都有工资，可那时候工资不高。有了女儿后，她大一点了，知道美了，小女孩得穿漂亮点，可是我们的工资就够四个人吃饭的，没有富余钱。后来做了一把葫芦哨卖了五块钱，给闺女买了双

鞋。你想那时候上班一个月才挣18块钱，一把哨就顶点事了。可我一直没指着做哨挣钱，甭管是那时候还是现在，我都不是为了挣钱做哨。

那时候就是孩子们小时候，玩鸽子玩哨的人少。鸽子市那时候也有，也是一直断断续续的，圈里的人基本上都认识，知道你有东西，但是都是私下上家里来找、来求。我是有工作的嘛，我一直不怎么做哨那些年，顶多是有人找家里来了，（人家）要，就给人家做一把两把的，也是怕手艺生疏了。

后来鸽子市恢复了，市场经济了，市场开放了嘛，可是鸽子市的规模档次都不如原来了，而且是越来越远。最早隆福寺就有鸽子市，那个位置就是现在东四往西民航大楼门前，现在马路边上还有3棵老槐树，原来就在那儿。过去，北京城哪边都有鸽子市，隆福寺这个后来就搬到了呼家楼，后来又从呼家楼搬到北新桥，接着从北新桥就到了东直门里，后来在东直门外那块，因为修地铁，鸽子市就搬到了马甸。这后来更一点点往外搬了，从马甸先到健翔桥，就土城外头那儿，后来（搬）到了北沙滩，现在都（搬）去沙河了。南城（原来的鸽子市）也是啊，鸽子市从龙潭湖搬到了白纸坊、鸭子桥那儿，后来给搬到菜户营那儿了。我想过了，鸽子市远了，我这门手艺还得留着，那可是传了100多年的活儿呢！

十 / 我的小院儿

现在，孩子们都大了，我们老两口也都退休了。生活挺好，也挺平稳的。我有这么一个小院子，我在院子里种了柿子、核桃、枣、石榴、无花果；又种了点菜，像茄子、黄瓜、豆角什么的；还养了点花，我这儿还有一架葫芦；院里还养了不少活物儿：有兔子、鸡、鸟、金鱼、刺猬，这个小黑狗是从小养的，跟我最亲，还有不少鸽子呢，我一直养鸽子，现在

▲ 何永江与他的鸽子

▲ 何永江在小院子里养的鸽子

（已经有）两棚[1]鸽子呢。

我们这个小院地儿不是多大，但基本也是按照老北京四合院的规矩盖的：门楼、影壁、正房、厢房都有。不过呢，只有西厢房没有东厢房，所以正好我就在东厢房这儿盖了鸽子窝。这鸽子窝都40多年了，是（20世纪）60年代末盖的，比我儿子、闺女岁数都大。

老北京人都讲究住四合院啊，我在农村有这么块地，也是

[1] 据介绍，鸽子的人工饲养栖息地，被称为棚或棚栏。大小、面积、养殖数量、鸽棚材质没有一定之规，这些都视每一位养殖者养殖具体情况而定。过去的鸽棚多由藤条、苇条编织而成，也有用木条做成的。

按老北京的讲究："天棚鱼缸石榴树，先生肥狗胖丫头。"这不是都有了。这就是生活幸福的家庭了。你看我这儿金鱼、石榴树都有。

我就喜欢在我这小院转转，看看鸽子，弄弄葫芦，我就琢磨着在这儿养老挺好。后来时间长了没事做，我就想起以前做鸽哨的事，手实在痒痒了，就做点玩玩，手艺算没丢就得了。

我原来就是想这辈子就这么过了，也挺好的。

▲ 何永江在石榴树旁

十一 / 幸运的一个月

后来那次是我老伴儿参加一个朋友聚会，是李俊玲老师组织的。我一听说民俗专家赵书老师、京味作家刘一达老师，还有几位非遗的老师都在，我提前做了准备，我让老伴儿带了几把我做的哨子，想请老师们给看看、评评。

当时，老师们一看都觉得挺好，刘一达老师觉得做得挺细致，赵书老师说我这个可以申报非遗项目，说先报个区级的，应该没有问题。回来老伴儿跟我这么一说，我踏实了。觉得这事“靠谱了”！几代人的愿望要实现了！

有时候我老想，这么多年了，我们这几代人，我师父做哨做得好，可是晚年不幸，我师爷也是，当年那小永多有名啊，可是最后也不太好。他们晚年都是困苦的、潦倒的。你说这手艺吧，不能养家，但是它不能没了啊！这都是祖辈传下来的。到我这儿，这么多年我都是怕把手艺丢了对不起师父，就断断续续做一点不让手生了，可不能以它为主业，因为没有什么市场，玩的人也不那么多了，我一直都怕没了，可我也没什么好办法。你看现在有非遗了，这多好啊，我真是赶上好时候了。

老伴儿回来以后，我们就说那就赶紧报非遗，这是大事啊，是家里最大的事了。可是没报过非遗，不知道怎么报，也不知道去哪儿报。就这会儿，我老伴儿又认识了一个人，就是杨建业老师。

我老伴儿是作协（北京市东城区作家协会）的，作协搞了个文学培训班，然后有一次搞活动，她就认识了杨建业老师，一聊呢，杨老师正好负责东城区的非遗工作。你说怎么那么巧呢？好事都赶到一块儿去了。其实前后都不到一个月，就是刚和赵书老师他们说完，知道去报非遗，正发愁怎么报，没几天就认识了杨建业老师。后来杨老师和他的同事带着我们，填表格，写材料，一点点弄，还挺复杂的呢。

后来材料写得差不多了，按要求还得需要一个保护单位，可是我们这时候什么都没有。在我们最困难的时候，由李俊玲老师和杨建业老师搭桥，由咱们东城区文联（文学艺术界联合会）给我们做了保护单位。这样在2013年7月，永字鸽哨制作技艺入选东城区第四批非物质文化遗产名录。

▲ 2013年北京鸽哨制作技艺（永字鸽哨）入选区级非物质文化遗产代表性项目名录

十二 / 非遗：一路走来

我有一段时间经常哭，白天哭，夜里也哭。为什么哭？太难了！

不是钱的事，也不是累，身体上累的这种难都是能解决的，那不是真难，（技艺）恢复太难了。难的时候，我就想起了师父，如果我师父在，他就能告诉我、教给我了，我白天想念师父，晚上想念师父，连做梦都想。可醒了，师父就没了，能不哭吗？

恢复就是恢复老辈儿，恢复我师父、我师爷原来做过的一些老哨制作（技艺）和一些精品哨制作（技艺）。因为有的东西我只听说过，但是没见到过；还有的东西我只见到了，但是我没上过手，手艺这东西，上过手跟没上过手可差着不少事呢。

因为永字鸽哨比较有特点，它和别家有不一样的地方，有的东西你没法借鉴。而且门派与门派之间也不互相串做，也没法跟人家打听。我也上鸽子市上转过，几个鸽子市都去了，也没有看上眼儿的，都做得糙，还不如我师父教的呢。

原来我一直看王大爷做哨，他也带着我做，一步步教我，常规

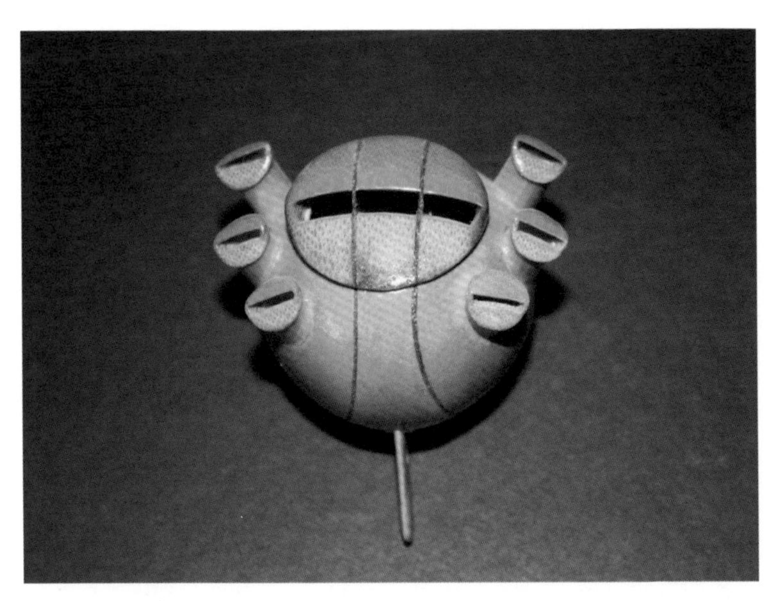

▲ 何永江恢复的截口葫芦

的我都比较熟练了，可这些我不那么熟悉的老哨，包含太多师父的手艺、祖宗的手艺，是绝活儿，现在他们都不在了，就得靠我自己琢磨，一次一次地试，不行再调整。哨口的宽窄，舌头的深浅、角度对声音都有影响[1]。

那时候我整宿整宿睡不着觉，就是走进了死胡同。你走进去了，你再想回头，两边不让你回头，你回不来。退，也退不了，进也进不了，就给你顶到死胡同了，就是那个感觉。也没有人能帮着我想，我也没有人可以去问去学，这个太难了，是

[1] 哨口是指哨上面中空的那一段，这个口的长短、宽窄对哨音有影响。一般口宽的声音洪亮，口窄的声音柔和。哨口的上面是哨盖，下口的斜坡就叫舌头，舌头的坡度大小和宽窄叫舌头的深浅，对哨音也有影响。

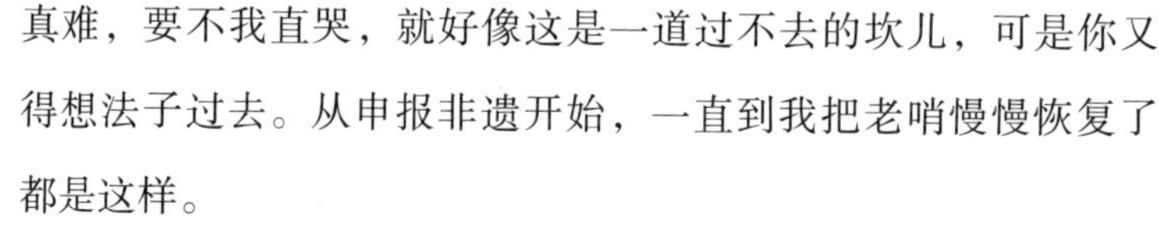

真难，要不我直哭，就好像这是一道过不去的坎儿，可是你又得想法子过去。从申报非遗开始，一直到我把老哨慢慢恢复了都是这样。

孩子们挺孝顺的，说带我出去走走，玩玩，让我散散心，回来再接着做。我也没去，心里不踏实啊，没心思出去玩，我就一个人窝在屋里，窝在我这小桌子前，直到我把这些个老哨慢慢地都恢复了，这个劲儿才慢慢过来。这么一个不大点的鸽哨，看着好像没什么，其实，道道儿还是挺多的。

再一个难，你得惜料，不能糟践东西。你看看这里头有讲儿，这是紫檀。紫檀的木头十个得九个空。像出这么一块料，木头得跟碗口那么粗才行。空的不能使，能使的、能出料的比较少，所以这紫檀也金贵。你看它这么一块多实，拿在手里特别沉。再看这紫檀木的年轮，那个发黄发亮的是年轮，它是比较硬的，两圈年轮当间稍微暗一点的地方它发软，所以拿紫檀木做鸽哨对技术要求就更高。这一刀下去，劲儿都不一样，不好刻，你刻不好它就碎。

葫芦哨的小崽儿，都特别细，我都不舍得去拿大块木头、拿整料（做），因为这一块木头，它是有生命的，它的岁数比我都大，挺难得这么一块木头，你得想好了再做，不能图快，不能想一大概就做，要不这么大一块木料，你一切一锯不就毁了。要是没做好，多心疼啊。你得想着省料，你得想着我一次就成功，不能糟毁这好料。要不说那时候难啊，你得想着怎么做，你还得省料，你什么都得想到了。

▲ 精品鸽哨

还有象牙口的哨现在就已经不做了，可历史上有，你得恢复了。最后通过区里批准，找了那么两块料。我也是只知道有这个哨，我看见过师傅做过这个，可我自个儿没上手，没做过的时候，就难。再一个，你就想，这牙是大象的命，这是一条生命，你要给它做好了成一个物件儿搁在这儿了还值，可你要是没做成物件儿，你给玩坏了，把东西废了，成垃圾了，可惜了，太可惜了。你不能说，把它刻坏了再说。你得算计我多少刀给它刻出来，你说难不难？

我就这么一点点把老的哨子都恢复了。2013年成为东城区区级非物质文化遗产代表性项目，2014年12月，北京鸽哨制作技艺成为北京市市级非物质文化遗产代表性项目。2015年9月，我被认定为北京市级非物质文化遗产代表性传承人。今年

（2019年），我正在申报北京鸽哨成为国家级非物质文化遗产代表性项目，老伴儿一直帮我跑这个事呢。

▲ 2014年12月，北京鸽哨制作技艺成为北京市级非物质文化遗产代表性项目

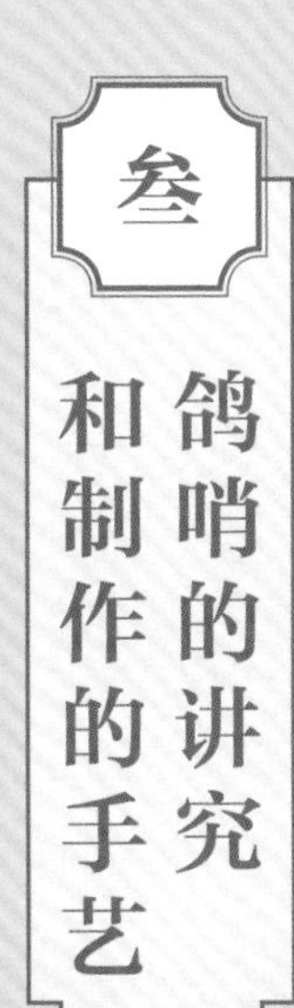

叁 鸽哨的讲究和制作的手艺

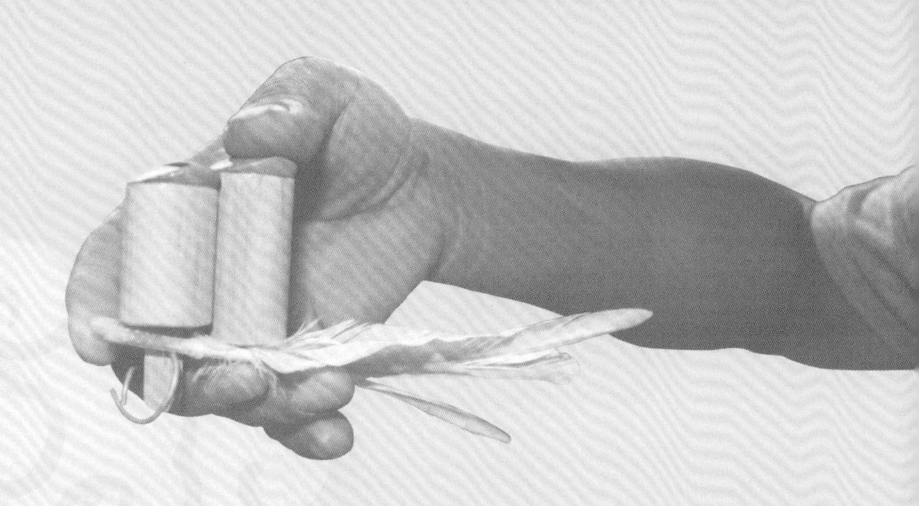

一 / 鸽哨的讲究

鸽哨的材质主要有竹子、葫芦、苇子等，这都是比较常见也常用的。我还恢复制作了木质的、果壳的和其他材质的，一般是观赏、收藏类的鸽哨用到这些不常用的材质。

▲ 竹子鸽哨

▲ 葫芦鸽哨

▲ 其他材质鸽哨：三十六响葫芦哨（其中小响为竹子材质，左上）、象牙口葫芦（中上）、白果排类哨（右上）、二十四响葫芦哨（其中小响为莲子材质，左下）、象牙口檀木二筒（中下）、莲子排类哨（右下）

（一）竹子鸽哨的讲究

1. 箭竹做哨最合适

做鸽哨主要是竹子啊，现在一般全是用箭竹，竹子最起码得长到三年以上的，三年以下的竹子太细，太细了不行，所以至少得是长三年以上的，可是你也不能让它太顸[1]了，太顸了你还不能用，太顸做完了太沉，这鸽子就戴不动了。

为什么全是箭竹啊？（因为）那大毛竹那么粗你没法使啊，

▲ 二筒

▲ 箭竹

▲ 制作鸽哨用竹

▲ 制作鸽哨的竹料

[1] 顸，即粗。

所以就得用箭竹。箭竹一般选二十四五毫米粗的，剥完皮，然后外边儿怎么着你还得再掏下一毫米、两毫米，就是它最外边儿那层硬啊，你得掏掉了，最后就剩21毫米、22毫米的（料）。这里边儿瓤也都得掏了，要不掏，到时返潮它吸水就没法用了，这里边儿外边儿都得处理了。

2. 精心选料淘汰高

做鸽哨的竹子是箭竹，我都去料厂买。这一根大竹子，瞧着三四米长，其实能用也就是一二尺。为什么好多不能用啊？这竹子长的时候，在山上一直顺着山势长，这竹子的尽底下那儿，有二尺左右全是扁的，那都不能用，只能紧着上边的用。

太靠上面的竹子，长的时候净出那小枝杈，出那枝杈之后（竹干）就不平，会留下一道沟儿，就是那竹子上头有一溜儿全是一个个沟儿，那也没法用。最后也就是这个一米左右的高度有两三截儿，就中间的有那么两三截儿，它是圆的也比较光滑的，就这点儿能用。

像我去料场买，没有买这么一小截儿的，人家卖料都是一整根卖，哪儿要哪儿不要，人家不管你。这一根根的是一大捆，你一买就得一捆。然后我自己跟那儿挑，哪个不能使，就在那儿现场给锯了，带着工具去，不能使的你给人扔那儿，要不也不好拉回来。一捆是50根，我就拿我这小车给拉回来。

还有一个是这竹子的阴阳面也不一样。不是说一段竹子我下刀用一个劲就行。你拿刀切竹筒的时候，一刀从外皮切到中间的芯儿的时候，你马上就知道哪一面是阴面哪一面是阳面。因为这两个面儿的硬度不一样，你的手劲儿也就不能一样。比如你手上这面是阳面的，翻一面你还是使劲照刚才那一面这么弄，这一下（竹筒）就会断开，那就废了，等于前面的功夫就全白费了。

（二）葫芦鸽哨的讲究

1. 哨型的讲究

葫芦哨主要用的是压腰葫芦，它这底儿有的平有的尖，你得会挑，一大堆葫芦不是个个都能用。咱们也是惜料，能做什么做什么，适合做什么就做什么，尽可能地利用它。

葫芦底平一点的可以做七星、九星。要是葫芦底稍微尖一点的，当然也别太尖的，要是太尖的葫芦，搁在那儿，它会来回来去滚动，若要平放了还不行，它坐不住，所以不能要太尖的葫芦。这种不太尖的，能做截口葫芦，还有捧月[1]。

▲ 葫芦

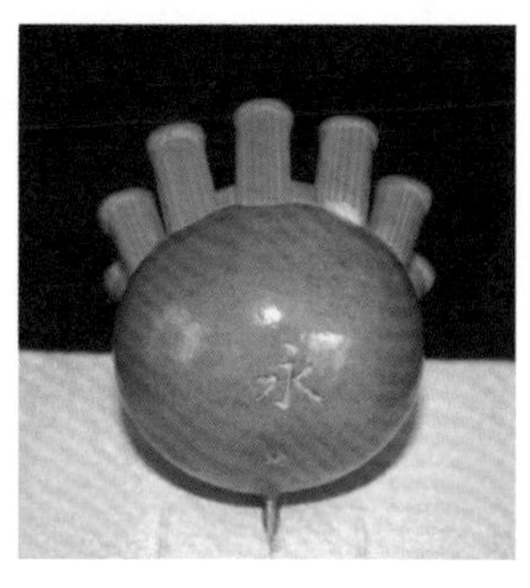

▲ 捧月鸽哨背面

[1] 捧月：一种葫芦鸽哨，具体介绍可见“3.2.3.5捧月”。

2. 葫芦我得自己种

葫芦我都是自己种，我不去买，因为买的葫芦人家用化肥、农药的，它这葫芦壁的厚度就不够了。壁不够厚实，做哨后密度不够，对哨的声音有影响，而且哨也不结实，不耐戴。你像壁薄的葫芦，有个10年20年它自己就碳化了，它就糟了，我用自己的葫芦做哨就耐用，你放个几十年都没有关系，而且声音也好听，所以现在我都自己种葫芦。

这都是我走了弯路后，这些年自己慢慢摸索总结出来的经验。我之前也用买来的葫芦做哨，有的响，有的不响，响的吧，声音特别难听。我就琢磨，都是同样的处理（方法）、同样的制作（工序），怎么声音会不一样呢？是我上岁数了，还是我哪儿的技术有问题？我想了好几天都没想明白。后来我突然想起来，我为东城区非遗博物馆展览展示制作的六把葫芦哨，一把都没有毛病。原来，就是葫芦的种植不一样。外面收的葫芦，种的时候用化肥、农药，这样的葫芦壁薄，所以就皮脆、密度稀，音色也不好。

3. 天气、阴阳都有讲儿[1]

伏天长出来的葫芦才好用，真正等这葫芦大批下来的时候再选料就不行了。出了伏天以后再长的葫芦都不能用。伏天以后出的葫芦我们叫“秋个打瓜”，叫白了就是“秋个打子”，那东西是没法使的，密度不够。

[1] 讲儿：方言，意思为讲究。

▲ 葫芦

三伏天，现在一般都是40天，这40天里结出来的葫芦，才最好用。伏天时候，我就盯着我这葫芦长廊，得看着。葫芦像这样长着了，我选好了，我要用这个葫芦，到时候最少一（个）礼拜，还得把这（选中的）葫芦给它转个个儿。让它这面照照太阳，那面也照照太阳。因为太阳照的那面它是硬的，声粗，不照太阳的那面葫芦还糟呢，声就不好了，那没法使。所以这两面都得看着，都得照到太阳。你看着这边照了太阳了，我都做着记号，有一个礼拜，我用手拧葫芦的龙头那儿，给葫芦拧个个儿，就是掉个个儿，原来这边儿冲东，拧过来另一面冲东，我都记着，到时专门上梯子上给它们掉个个儿。什么时候掉个儿呢？这葫芦长出来不是绿色的嘛，你就看着它慢慢发白了，你就给它拧一回就行了。

▲ 葫芦架

4. 葫芦得风干包浆

葫芦一般摘下来以后得放个两三年才能用，葫芦不能用当年的。当年的葫芦，它自己有火性，就是它里边儿自己互相较劲，它自个儿会变形，所以不能使。非得搁两年，把它这劲儿放没了才能使。你看我屋里墙上一串串的葫芦，这全是晾了几年的了，有的都晾了七八年，最久的10多年都有了。

（葫芦）晾屋里、晾外头都行，夏天下雨也没事，沦雨了[1]，长毛了，发黑了，都没事，那都是自然包浆，没事儿，到时一擦就行了，不影响使用。

5. 淘汰率就是人心啊！

葫芦不能用的挺多，包括竹子，不能用于做哨的竹料也挺多，也得挑，你这不能舍不得。说你闲着你做出10个葫芦来，你觉得我这有10个了，100个了，多了，可是让谁拿走了，到人家那儿就是一个，是百分之百，一个坏了就是百分之百坏了。你这做10个，坏了一个，你是十分之一，到人家手，那就是百分之百，就不行了。所以，那是不允许的。人家找你，求你把葫芦（哨），拿到了家里当个宝贝似的存着，你给人家弄一破的，你良心何在？

王大爷嘱咐我要讲德行："你记准了德行。"我干这一辈子了，给人弄一个玩意儿，还不好，你是赚着钱了，但那就没有意思了，那就是你太缺德了。

[1] 沦雨了：北京方言，意为被雨淋了。

▲ 葫芦自然风干

▲ 晾晒葫芦

（三）其他材质鸽哨的讲究

其他材质一般也都得搁搁再用，最少也得隔一年。像莲子，今年的莲子过年你就能用，荔枝没关系的，荔枝它有糖分，像荔枝壳、橘子皮这都是当年就能使。

有人老觉得荔枝壳、橘子皮那玩意儿脆，怕搁不住，我弄完了就不脆。我做完的荔枝壳哨，保证你拿起来到五六十（厘米）高再撒手，这样它掉地上也不碎。我都事先通过特殊处理了。就跟橘子皮似的，一到这伏天容易返潮，那橘子皮都是软软的。经我这处理完了，到夏天你摸起来还是硬硬的。荔枝壳、橘子皮都是经过我特殊处理的，所以不会碎，也不会烂。

▲ 莲子鸽哨

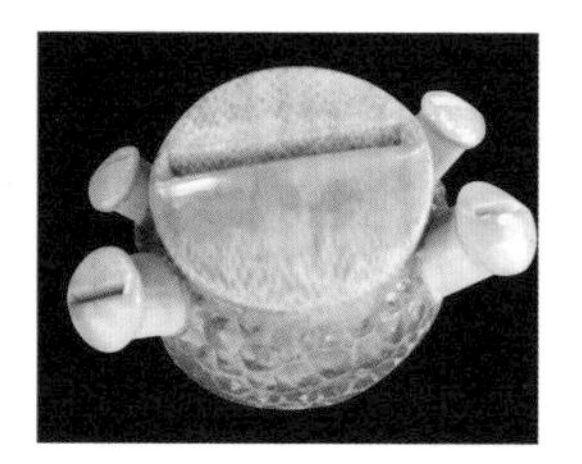

▲ 荔枝壳鸽哨

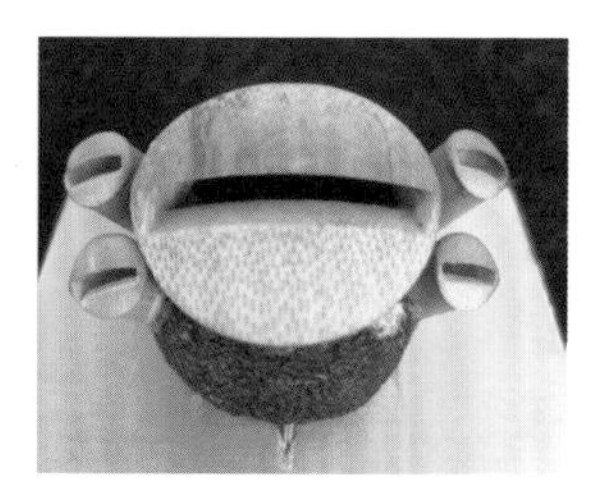

▲ 橘子皮鸽哨

橘子皮鸽哨主要是用高桩橘子的皮来制作。高桩橘子一般底圆、皮厚，比较适合鸽哨需要的形状，就像葫芦哨葫芦的圆肚子一样。如果橘子皮太扁，就不适合做哨。因为只有圆形尖底的哨底才会拉风好。皮薄的橘子皮也不太适合做哨。因为橘子皮风干后，皮就会更薄，就容易碎，即使经过处理也还是太薄，所以得要皮厚、底圆的橘子才行。像现在的砂糖橘就比较适合做鸽哨。

你看我这个橘子皮的鸽哨特别挺实，能站得住，也能安上几个竹子小崽，好多人也都问这是怎么做出来的。一般咱们吃橘子，剥下来的橘子皮特别软，搁几天就抽干变形了。老辈人传下来的，把沙土或者炉灰放进橘子皮，既能保持橘子皮的形状不变还能吸收橘子皮的水分。这样经过一个冬天的烘干，这橘子皮就能使了。

现在先进了，有烘干机，但是我试过，没有自然风干的好用。你要想把东西做好，还就不能怕麻烦，不能怕花工夫。

橘子皮鸽哨珍贵，主要是因为难做。掏瓤就比较麻烦，掏不好，就会影响哨盖的位置。我们都是自己做一把类似耳挖勺样子的小刀，一点一点往外舀。经常是做一个橘子皮鸽哨得搭上好几个橘子，要不我们做橘子皮鸽哨时常会说："今儿没少吃。"其实就是又做坏了好几个。

老辈时，橘子皮（鸽哨）、荔枝壳鸽哨就珍贵，就是因为这两种水果都是从南方运来的，那时候运输哪有现在发达，（水果在运输过程中）经常是皮被压坏了。本来这两种水果就贵，好的、能用的果皮又不好找，加上这种鸽哨还不好做，它个头也都

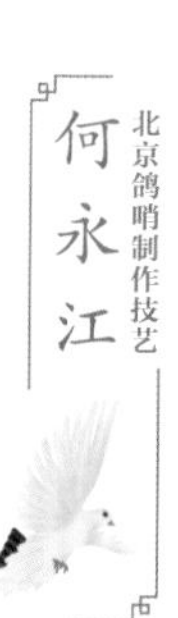

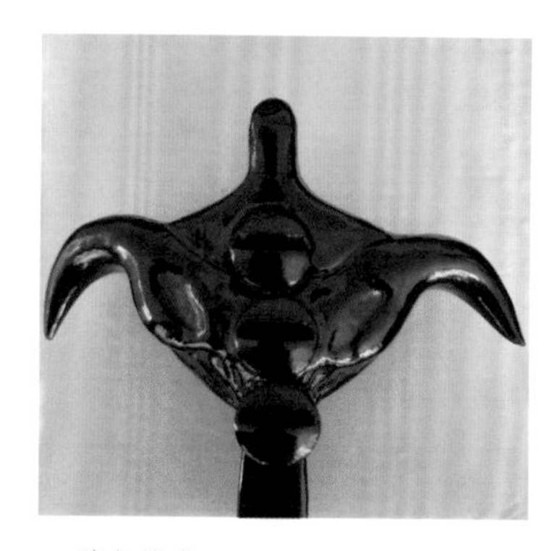

▲ 菱角鸽哨

小啊，所以这都是观赏收藏类的鸽哨。

永字鸽哨还有一个特殊的鸽哨，也是永字独创的材质，就是菱角鸽哨。为什么用菱角呢？因为我师爷小永后来就生活在朝阳门外的菱角坑附近。我师父王永富就说，咱们就拿这菱角做哨，这是他研究出来的做法。你看这菱角鸽哨，像一只展翅要飞起来的小鸟，这也是纪念我师爷的一个方式吧。

（四）鸽哨声音搭配的讲究

原来老辈人做哨，讲究说你要什么音的，就给你做出什么音来。古音是五个：宫、商、角、徵、羽。这五个音你要什么音，就做什么音。这五个音，我现在还没有都恢复，没有能把五个音分得那么细，我正在努力恢复中。

现在简单说鸽子哨就是三个音：温儿（wēn'er）、哇（wā）、嗡（wēng）。这三个音又能做出高、中、低三个档，这就是九个音。飞起来的时候，声音有高有低，是搭配起来的。

给鸽子戴哨，没有特别的讲究，就是你喜欢什么声音的，就戴什么音儿的，只要和谐、好听就行了。一盘儿十二只鸽子最多戴六把哨，就是六把以下都行。比如一把三联，一把五联，得有把二筒，再有把葫芦（哨），加上一把七星和九星，这已经是非常丰富的音儿了。搁一块儿，有高亢的，有低音的，整个像一个乐团一样。

（五）鸽哨收藏保存的讲究

鸽哨保存简单说就是防干、防潮、防虫蛀。

一般人家找我拿哨，不是用来飞着玩的，我都是给装锦盒儿里头，他回家搁柜里就行了。防干、防潮、防虫蛀这些，我之前都给处理好了，他就摆着玩儿去就行了。有人说拿敌敌畏给泡一下，没有，我不用敌敌畏。我处理完了的鸽哨，你给它摁水里，待一个小时，完了你给它甩干了，你搁天平上，刚才要是10克现在还是10克，我这有特殊处理，做上防水了，防水不就等于防潮了吗？

这玩意儿本身怕潮湿，可又不能太干。像咱们北方冬天又比较干，你看我这儿有时候柜子里头，哨子旁边，我还会再放一碗水，就是为了防止太干了。

像是一般的，比如他要是飞着玩的那种，就比较便宜，百八十块钱一个，那就没必要特别地讲究保存，我要给你那么处理，都不够处理的钱，那就是坏了再买一个。

二 / 鸽哨的特点

（一）筒哨及声音特点

像现在最少就是两个筒的，叫二筒，它是最主要也是最普遍的一种哨子。

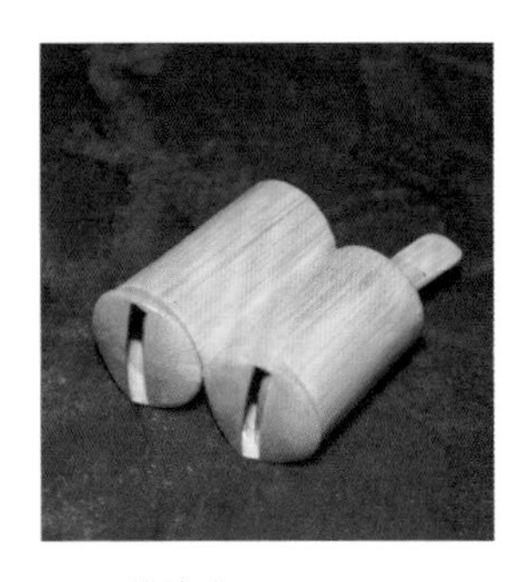
▲ 二筒鸽哨

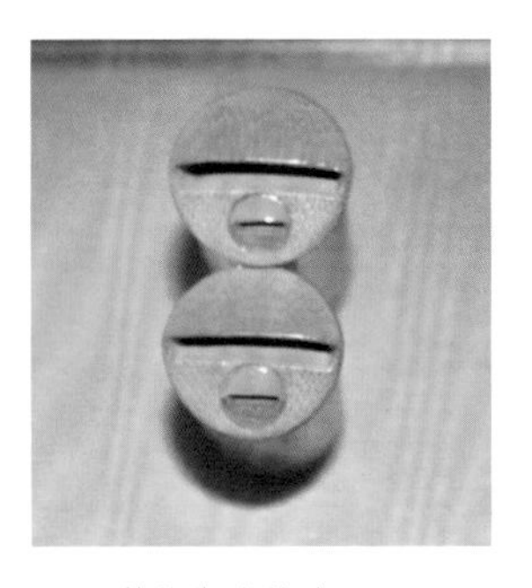
▲ 二筒抱崽儿鸽哨

二筒是哨中之母，也叫闹子。你看它两个筒前低后高，不是平着的。一高一低（这么放置）是为了使鸽哨的声音也能有高有低。一般筒的空间大、宽的，声音低，筒的空间小、窄的，声音高。所以二筒是前面的声音高一点，后面的声音低一点。筒有高有低再一个也是为了鸽子戴哨飞的时候，它稳。

为什么叫闹子呢？它就是比拟夫妻，比喻小两口打打闹闹一辈子，不吵不闹过不到头。有的二筒前脸儿上带着小崽儿的，那叫二筒抱崽儿，那是比喻两口子带着俩孩子。

（二）联及声音特点

三联、五联是联，其实也属于筒哨，但叫联，它是单数，主要是三联和五联两种。三联鸽哨的声音比二筒的声音清脆。飞鸽子时，一听就能听出来戴着三联，所以它的音色辨识度高。一般飞鸽子时配上三联，整体一听声音就更高了。三联也是比较普遍，玩的人也比较多的一种常见哨。

五联是筒哨中筒数量最多的一种哨，它的筒最细，声音就更高也更细。它的声音比二筒尖细、清脆，像三联的声音。三联是三个筒发出的声音，像一串铃铛发出的声音，而五联有五个筒，它发出的声音更像一串铃铛发出的声音了。所以五联是那种声音清脆、很优美的一种哨。

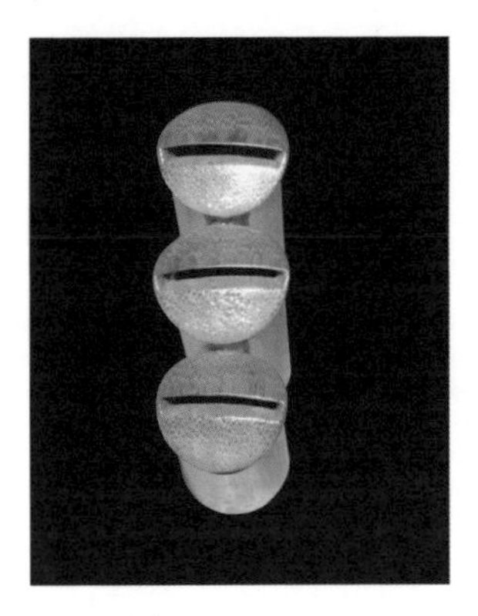

▲ 三联鸽哨

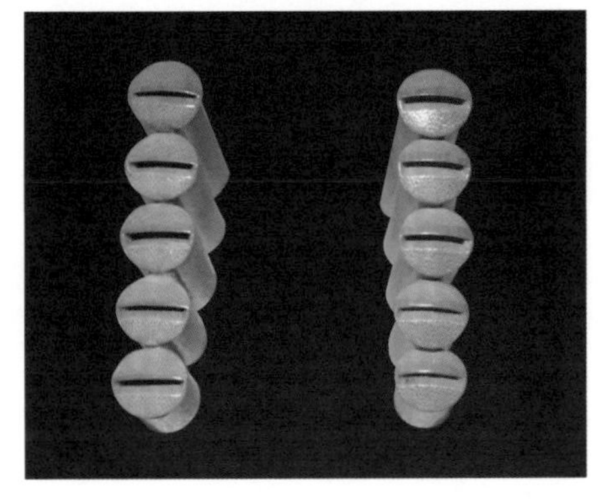

▲ 五联鸽哨

（三）葫芦哨及声音特点

葫芦哨的造型比较多，也是比较常见的受大家欢迎的一种鸽哨。葫芦哨的声音是“嗡嗡”的，葫芦哨一般是和竹子的小崽儿

配在一起，既有葫芦悠扬的声音又有竹筒发出清脆的声音，这一把哨就是声音的组合。普通的葫芦哨就是戴着玩的，另外一些有特殊含义的基本是观赏类的。

我恢复了很多老式鸽哨，是永字鸽哨的一些精品，是过去师父、师爷他们做过的老哨。为什么北京鸽哨（制作技艺）成了非遗（北京市级非物质文化遗产代表性项目），一个原因是小小的鸽哨体现着祖先的智慧。北京鸽哨是有着浓浓北京特色的。北京从燕国开始有三千多年的建城历史和八百多年的建都历史，先后经历了辽、金、元、明、清五个朝代。北京鸽哨沿袭传统文化，紧紧围绕着古都北京的历史风貌和文化底蕴，制作出了有寓意的鸽哨。

1. 五坛

过去这鸽子哨都是和北京的历史文化、北京城的地理地名有关。五坛鸽哨代表了北京的五个坛：天坛、地坛、日坛、月坛，还有先农坛。首先说，这五个坛是北京所独有的，明、清两朝皇家祭祀天、地、日、月，就是在北京的这几个坛。中国是文明古国，文化古都有很多座，但是都没有这样的历史遗迹和文化特色。所以，北京鸽哨，特别是永字鸽哨，就做了这具有北京特色的五坛鸽哨。

这鸽哨具体怎么看呢？就这张图片（图“五坛鸽哨”）来说，最后面的响最高，代表天坛；最前面的响最低，代表地坛；左为日坛，右为月坛，左右两个响一边大，代表日月同辉。中间是先农坛，因为中国是农业大国，把祭祀农业农事的坛放在最中

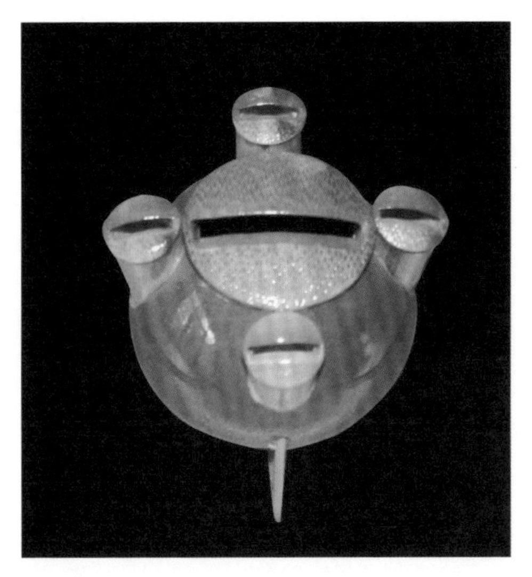

▲ 五坛鸽哨

间。你看其他鸽哨的小响都是侧面排列，只有五坛鸽哨的小响是上下左右，方正垂直地排列着。这样正南正北的排列也代表着四个方向，天坛为南，地坛为北，日坛为东，月坛为西。

2. 八庙

这也是我恢复的一个传统哨，北京的八庙指太庙、奉先殿、传心殿、寿皇殿、雍和宫、堂子、文庙、历代帝王庙这八座庙。八庙鸽哨就代表北京这八座庙。为什么鸽哨里有八庙呢？还是说鸽哨是文化特色，特别代表了北京的文化特色。北京是古都，更是很多朝代的都城，过去皇宫建在北京，皇帝生活在北京，北京城有着深厚的皇家文化特色，比如皇家的建筑、皇家的祭祀礼仪等。代表北京特色的北京鸽哨也沿袭、遵从并借鉴了北京城的特色，也从一个侧面反映了城市的历史和文化特色。

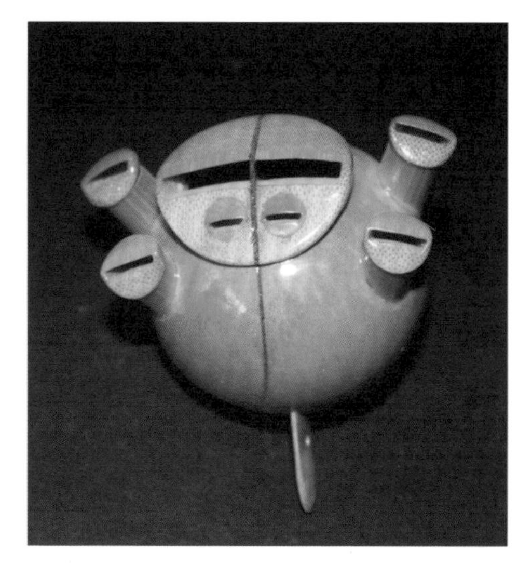

▲ 八庙

你看八庙是个截口葫芦哨，截口哨制作是有难度的。你不截坏几十上百把葫芦你练不来。截口又分单截口、双截口，后面我再跟大伙儿说截口为什么难。

3. 十三仓

原来北京城的水系比较发达，京杭大运河就东起于现在的通州一带，在清朝时期是重要的漕运河道。粮食等物品运进京师，有十三个仓储存。这是北京城的历史，特别是交通、城市发展的历史，北京鸽哨就反映了当时北京的历史风貌，要不为什么北京鸽哨（制作技艺）能作为非物质文化遗产来保护呢！就是它可以反映当时城市的一些特点和人们的生活风貌。这十三仓分别是海运仓、北新仓、南新仓、旧太仓、兴平仓、富新仓、禄米仓、万安仓、太平仓、裕丰仓、储济仓、本裕仓和丰益仓。有些粮仓成

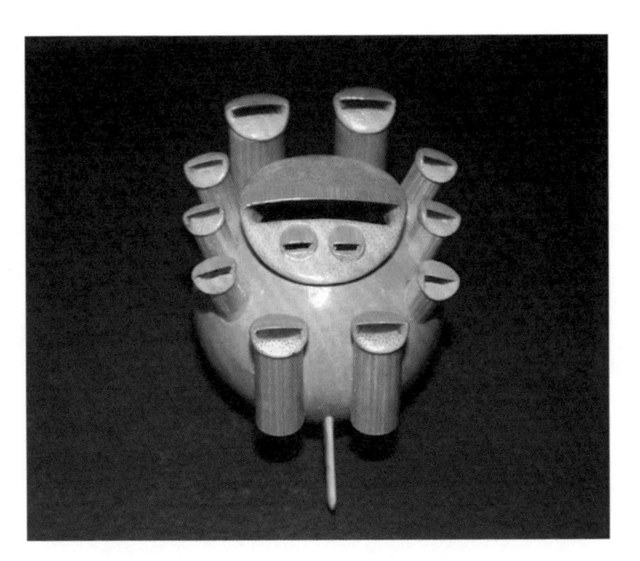

▲ 十三仓

了地名，现在还在用呢。

4. 截口

葫芦哨上一个制作难度就是截口，有单截口还有双截口。为什么说加了这么一刀或两刀就难了呢？因为你下不好刀就破坏了原来的哨口，就会影响鸽哨的声音。而且你要截不好口，等于把原来的葫芦哨废了。

截口首先是得把葫芦锯开，这一锯开不要紧，有的葫芦会变形，你看着本来挺圆乎挺周正一个葫芦，一锯开变形了就没法用了。把葫芦锯开以后，你先得打平，就是打磨平整了。这个你不能着急图快，也不能劲头太大了。我一般都不用锉，锉力度不好控制，就用小刀子，一点点地擖哧（kā chi，意为用刀子刮）。然后，要往葫芦里填东西，就是放一块竹子的隔挡。

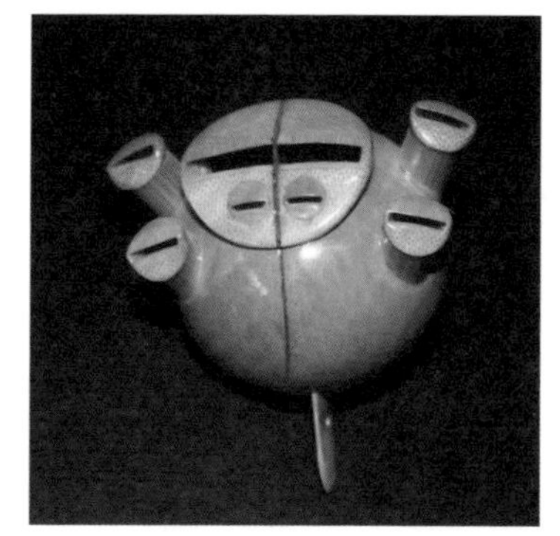

▲ 单截口葫芦哨

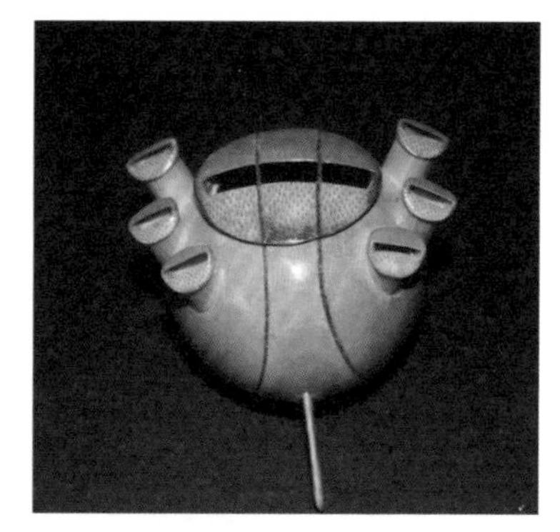

▲ 双截口葫芦哨

这个隔挡很薄，有人说看着像纸，不是纸的，是竹子的。把竹子做成纸这么薄，就特别费劲，要技术、要经验。处理不好透风的话，哨就不响。

我一般是用小刨子，把竹筒修到两到三毫米厚，然后放水里泡着，得泡个四五天，让它吃透了水分。泡好的竹筒还得放到开水里煮，得一直保持100℃，温度太低了不行，得煮十几个小时，这十几个小时你得保证温度，不能时间长水就放凉了。煮完了捞出来，这时候竹筒就非常软了，你用剪子就可以给它从中间剪开，然后放在平面上一压，它就平了。然后晾干，干了以后再刨，最后做到一毫米厚，这个厚度是做隔挡合适的厚度。

单截口就做一个隔挡，双截口就做两个隔挡，双截口做的时候肯定是比单截口更费时。截口葫芦做的时候，隔挡做着相对费事也费时，你得先把材料都准备好。最后往里放隔挡，这一步相对好做一点，就是用胶粘，比准备料省时间，但放隔挡更要技术、经验。首先是粘完的葫芦，得周正，还是葫芦完整饱满的样子，这做的时候，挡板厚度，胶的多少、所占厚度都要考虑到。第二，截口葫芦还得能响，还得能给鸽子戴，它不是摆设，也不光用于展示，它是实用的。制作时就不能透风，你的手劲、力度、角度都得控制好。第三，光响还不够，声音还要好听。现在市面上，没有三腔双截口葫芦，反正我没有看见过，就我还做。从这儿你就能看出来，永字鸽哨的制作水平是相当高的。过去永字鸽哨是有截口哨的，我都恢复了。

5. 捧月

捧月有八仙捧月，有众星捧月。八仙捧月，用八个响比喻八仙，是由八仙赏月来的，所以称八仙捧月。众星捧月的大口代表月亮，周围有十一个小响，就用众代表多，叫众星捧月。永字鸽哨的种类特别丰富，样式也多，制作就比较复杂，但是，就是得按照规矩来（制作），这都是老辈儿传下的。我师爷小永擅长做葫芦哨，我师父王永富聪明，点子多，设计了葫芦哨的多种器

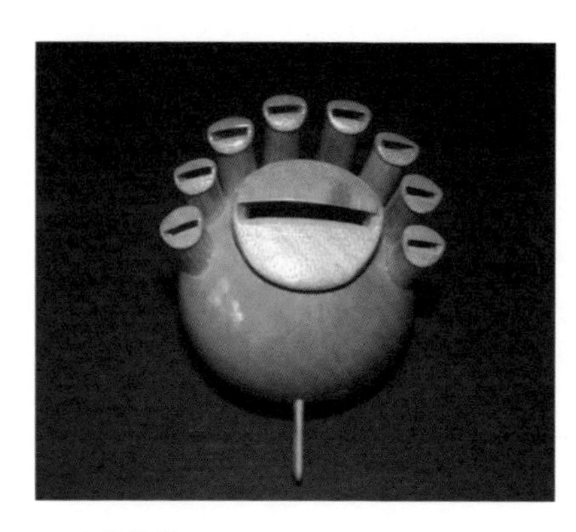

▲ 八仙捧月

▲ 众星捧月

型。我都按照祖传、按照规矩恢复了。

（四）星排及星眼类鸽哨及声音特点

七星、九星就是葫芦和筒的组合，有葫芦哨的“嗡嗡”的声音，稍微低沉稳健；又有边上小响清脆的声音，比较细和脆，是一个组合型的声响，是鸽哨中声音最好听的一类哨。

数字10以下的叫“星”，超过10的叫“眼”，以单数为主，有11眼、13眼、15眼、17眼、19眼等。这些个头儿都比较大了，不太适合给鸽子戴，属于观赏哨了。哨的声音，小崽儿越多，它的筒就越细，葫芦里装的崽儿就会越满，鸽哨发出的声音就会越小，所以这类哨以观赏为主。

还有星排类的哨，星排哨是以托板为底座的鸽哨，它就是出筒的声音。你看我这儿的两把星排哨，一个是莲子的，一个是白果的，这都纯属观赏的，虽然也都能响，但一般不给鸽子戴着飞。

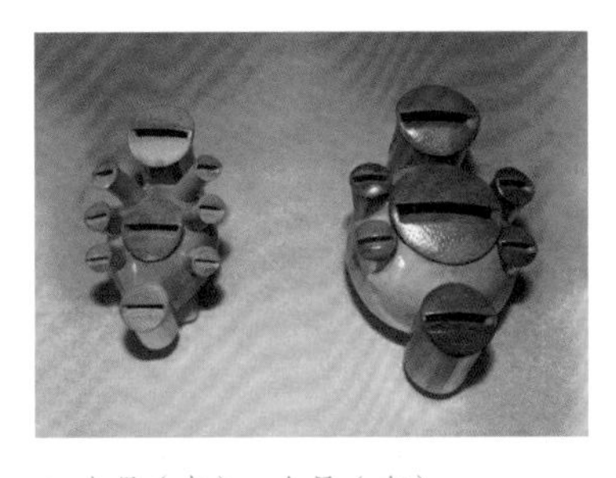

▲ 九星（左）、七星（右）

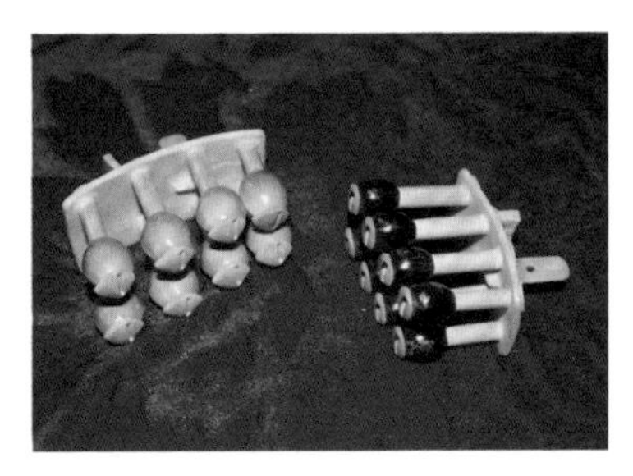

▲ 白果星排哨（左）和莲子星排哨（右）

三 / 鸽哨的制作

鸽哨是纯手工制作，老辈儿就是这么做的，我就这么学的，没有使机器做的，这是规矩，咱们得按规矩来。有人跟我说过："你要是用机器做鸽哨，不就能多做点，就能卖出钱了。"我不认同这种说法，一个是市面上也没有做这个的机器；再一个假如说要真有这种机器，你要是用这种机器做，那做出来的就不（能算）是鸽哨了，那就不是这么个玩意儿了。

筒类制作相对简单一点，二筒是最基础的，葫芦哨制作复杂一些。我一般一把二筒做一天，葫芦哨就复杂了，再简单的葫芦哨也得做两天，复杂的（葫芦哨）最少得花一周时间（做），像一把三十六响，我得做小一个月呢。

（一）手艺人的巧手——功夫全在手上

你看看我的这双手，我都伸不直。真是肉包铁啊，那刀子是铁的，我这手就天天在这儿抠，手上经常有口儿，（平常做哨时不小心）给拉一下呗。做哨得用力，这劲儿全在手上呢。又剜又削，你这双手得把住了，主要就在这几个手关节上，为什么我的手伸不直，跟个爪子似的，（就是因为）我这点儿劲都在这手上了！尤其做哨口的时候，差一点都不行。

你再看我的指甲盖儿，人家指甲盖儿都是往前长，而我的指甲盖儿都是往里抠的，你看指甲最外这一圈儿全都给蹭没了。指甲盖儿都是秃的、平的，特别薄。

我手拎东西拎不动，拎不了多沉的东西，但是这拇指和食指按东西有劲儿，能按好几斤的东西。

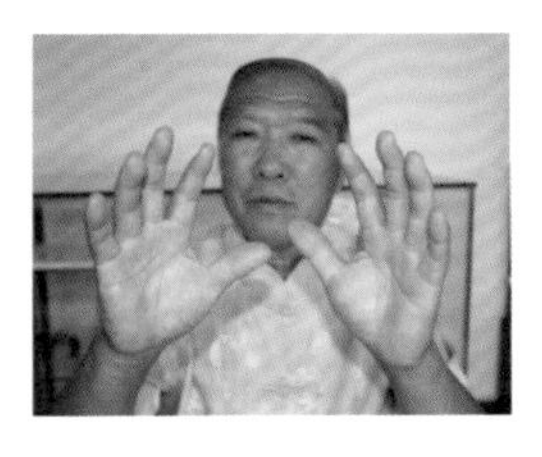

▲ 何永江不能伸直的双手（正）

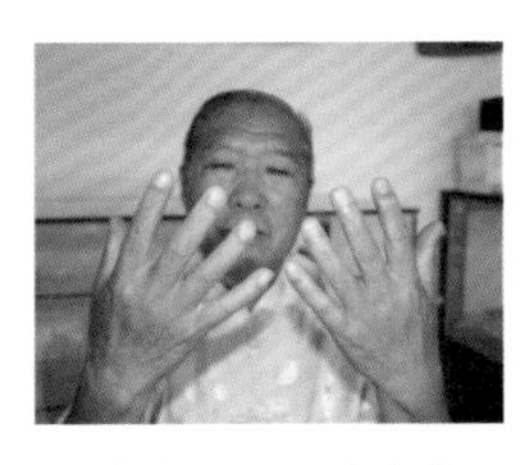

▲ 何永江不能伸直的双手（背）

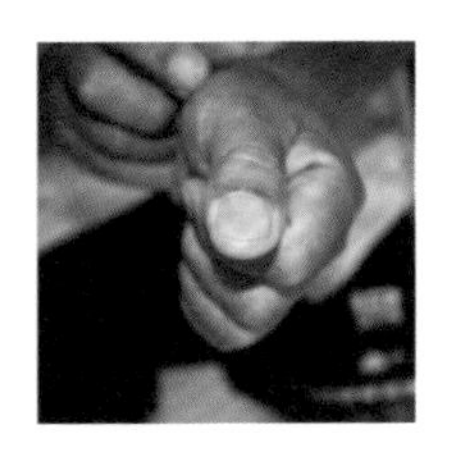

▲ 何永江平秃的指甲

别人谁要看你的手光光溜溜的，这多好啊，我这是一双粗手、一双老手。你看我这手心的手茧子，都不是在外面的硬皮，这茧子是长在里面的，有时候还疼呢。锉竹子的时候，竹面子飞

▲ 制作鸽哨

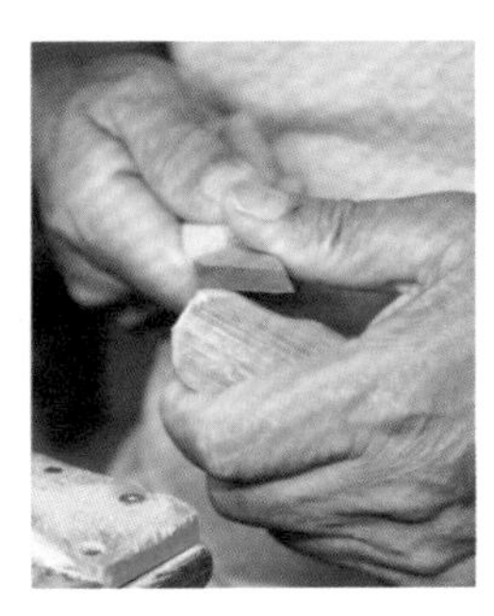

▲ 制作鸽哨时手部要用力

得哪儿都是，都吸到鼻子里，飞到嘴里、嗓子里，边干活边吃竹面子。挺苦的，可咱们不是学的是这个，干的是这个嘛！

（二）手艺人的灵心——制作工具自己造，克服困难靠用心

这是我的操作台，就是这么一张小木桌。这小桌子是40多年前我自己打的，你看都多旧了，它也快成古董了。我天天就在这么一小块地儿干活。做鸽哨的工具，得有十几种，也都是我自己做的。这是刀，这是掏瓤用的，也都有大有小。因为筒有大有小，二筒比较粗，掏瓤时得用大个儿的刀，三联、五联都细一点，掏瓤就得用小刀。葫芦哨上的小崽儿，也叫抱崽儿，就是那些小竹筒，更细，就得用个更小的工具。这块木头是我自己钉的，松紧带是做哨口时用，拿松紧带把竹板这么一勒，它就固定了，（如果）还怕跑，把竹板的

▲ 和何永江相伴40年的小木桌

▲ 制作鸽哨的工具

▲ 为制作时固定牢靠想办法（用松紧带和倒立改锥）

底凿一个豁儿，把改锥往这一插，它怎么也跑不了，这都是祖上就这么做。

你别看这个鸽哨个头不大，它的原理不少，物理上的流体力学知识用得比较多。鸽哨响就靠鸽子飞起来，风灌进哨筒里它才响嘛。鸽哨还得拉风（兜风），这就是做的时候你得想好了，得解决了。哨前脸的倾斜角度、舌头的倾斜角度，都与进风量有关，所以都影响声音的大小和音色。拿二筒来说，一般是吃风喝风多，两个筒的高矮是前低后高，声音是前面高后面低。

这鸽哨还不能太沉呢，要不鸽子背不动。原来玩鸽子都讲究玩个儿小的，鸽子从头到尾这么算，有一尺半的，有八寸长的，没有说玩太大个儿的鸽子的，现在玩的太大，要说都不合老规矩。所以鸽哨得轻薄，得让鸽子背动，不增加它太多负担。你像筒哨一般重的在七八克，轻的三四克。葫芦哨稍微大点，大的重十五六克，小的七八克。

（三）鸽哨制作过程

咱们以二筒为例，二筒是最简单的鸽哨，包含最基础的制作技艺，联、葫芦、星排、星眼类的鸽哨也都是在二筒的基础上增加了难度后做出来的。做一把二筒大概分七道工序，每道工序又有好多小步骤。

1. 做筒

（1）切筒

现在我拿的这些竹子都是削完皮的，竹子得先削皮，就是去

▲ 切筒

掉外面的那层青皮，我一般把所有竹子料都削完了存起来。做的时候，先挑，挑好哪段要用，就把那段竹筒切下来。

切的时候，筒的长短，各家多少不太一样，我一般是一寸二长。切筒主要是手劲得掌握好。前面咱们说过，竹子、葫芦这些植物有阴阳面，阳面硬一点，阴面相对软一点，所以一个筒，你下刀切筒的时候，手劲实际上是不太一样的。这个要靠你平时多练习，慢慢掌握这个手劲，找到这个手感。

（2）锉圆

筒切下来以后，拿锉给它锉一锉，一个是把断口的茬给磨平了，不能拉手了；再一个是要把这个切筒的截面和竹筒给磨得成90度，就是垂直了。有时候你切下来，这个截面和竹筒不垂直，歪的不能用，就可以用锉给它磨得垂直了，这将来就好用了。这

▲ 锉圆，也叫锉竹筒、剥竹筒

一步你叫锉圆、锉竹筒都行，也有管它叫剥（bāo）竹筒的。

（3）掏瓤

掏瓤就是把竹筒里多余的东西给刮掉，使哨的壁变薄，这样做出的哨才轻，鸽子才好戴。我做鸽哨的工具都是我自己做的，掏瓤的这个刀叫“筒刀子”。你掏瓤的时候，手的力度也得掌握好。左手三个手指捏住了竹筒，右手拿刀一点点掏。三个手指不光是扶住了竹筒不动，你得去感觉，就用三个手指去感觉竹筒的薄厚。这是经验，你得做得多，慢慢手就有准了。

另外，这刀得勤磨。现在的钢（刀的材质）好了，磨刀的次数不像以前那么多了。你像如果我连着干活，能一直干三四个小时才磨一次刀，如果一整天都用这刀干活，一天得磨好几次刀。

▲ 掏瓤

这已经好多了呢，放以前，干几下活就得磨一次刀。

2. 做哨口

（1）画圆

这筒做完了，拿着这个筒口在竹片上比着，比好了，用铅笔在竹片上画个圆儿。这哨口是比较关键的，也比较难，因为它个

▲ 画圆

头儿不大，可哨出声出音主要是哨口这儿管着呢。

（2）削口

按着画好的这个圆，就拿刀子把周围削下去，慢慢这竹片就有口的样儿了。这步主要是左手拇指得使得上劲，得慢慢推着刀，一点点往下削，要不做时间长了手指头会疼。削口用的刀是个头最大的刀了，这个刀是偏刃刀，只有偏刃才使得上劲，才好用。两边刃的刀不适合在这儿用，它容易跑，还容易拉手。

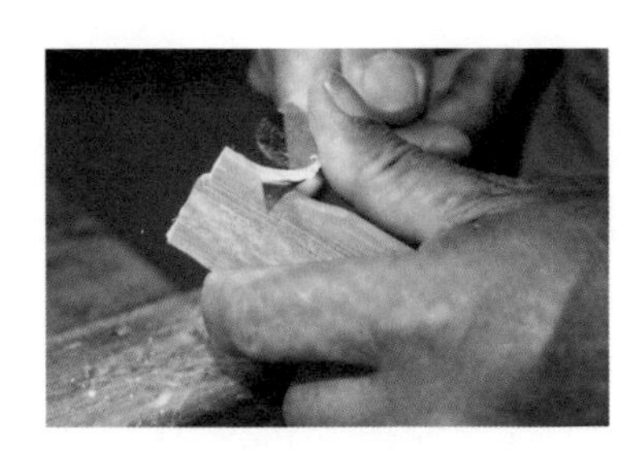

▲ 削口

▲ 削口需要用劲，要控制好力度

（3）剁口

削完了口，把竹片拿松紧带给固定住了，别让它乱跑，然后拿锤子和铲剁哨口。剁口这一步也叫做前脸，得把竹板打薄，打出一

▲ 剁口

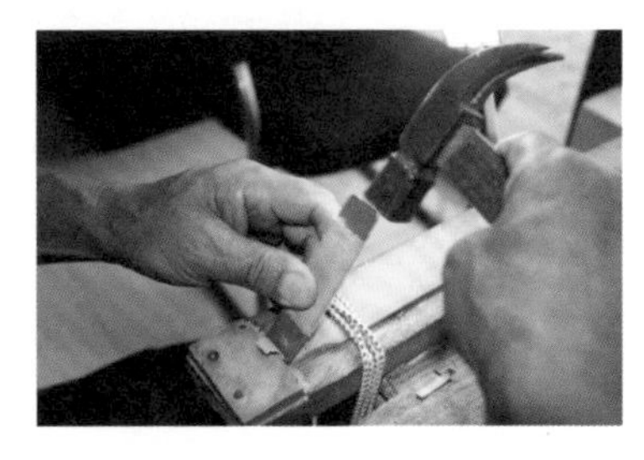

▲ 把竹板去薄

个斜面。这一步的工具是边铲，用边铲往下一点点铲，铲出坡度。边铲力度不够还要再用到锤子，拿锤子凿边铲，铲薄竹板。因为剁口有一定力度，不能让竹板乱跑，所以为了固定，得用松紧带把竹板和操作台勒住，这样再剁口，怎么剁它都跑不了。

（4）锉哨口

▲ 锉哨口

剁口是用锤子和刀把竹片的一头去薄，打薄的过程中，竹片这一头不是就出斜面了吗？你看这斜面不就有哨口的样子了吗？但是，这个哨口还是比较粗糙，不是那么整齐，你再加工，你再拿锉给它锉平了，四周找找齐，（看着整齐漂亮了）让它平滑不拉手了。

▲ 锉平打磨

（5）画线

你看现在这竹片，这一头圆了吧，有点哨口的样子了吧。这时候你再拿铅笔，在圆的中心画一条直线，这是待会儿哨口的位置。

▲ 画线

（6）凿口

刚才剁口劲儿小，现在

凿口劲儿大，所以，光用松紧带固定不行，得把竹片的后面凿出一个豁儿，然后把改锥头冲下这么倒着一插，插在那个豁儿那儿固定住，这再凿它就跑不了。

凿口用的是比较小的刀了，竹板虽然坚硬，但是还得控制力度。初学者可以慢点做，凿儿下看一看，别给凿坏了。这个真是经验，不是我不说，手艺这东西你得上手做，你不成百上千地练习做，光跟你说是没有用的。我的徒弟做得不好的，我都给踩了，踩完了还得说他们呢，手艺活是练出来的。

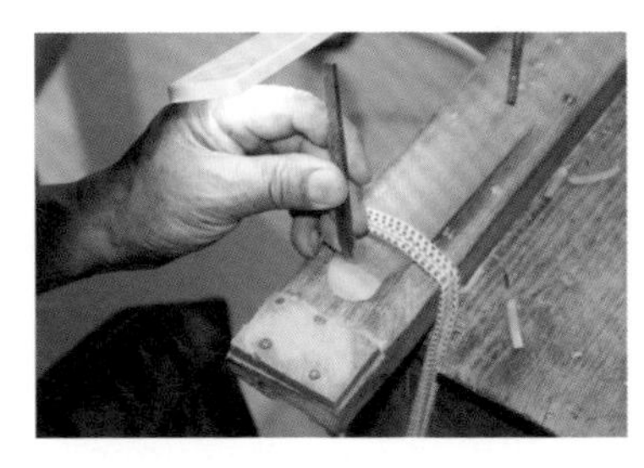

▲ 用力对准画线位置

▲ 用锤子凿口

▲ 凿口注意力度

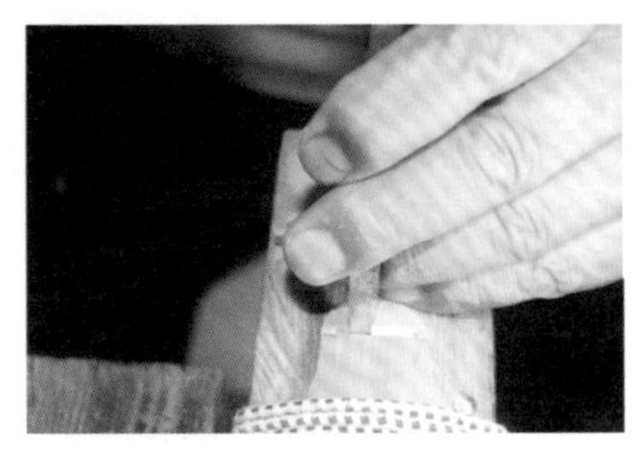

▲ 哨口渐渐出形

▲ 剜口

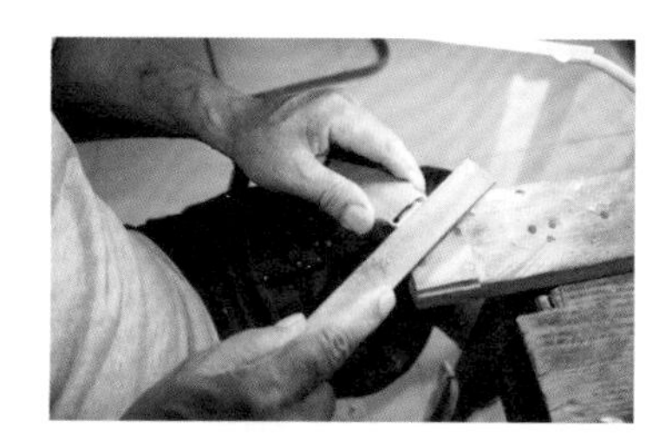

▲ 修整哨口

▲ 锯哨口

▲ 整体对照，修补

（7）剜通

最后用小刀把竹子口那儿一点点剜通了，这哨口的样子就基本出来了。剜的时候别着急，要注意口的宽窄和长短。口的宽窄、长短都对哨的声音有影响。尤其初学者，你看哨口两头得留点富裕，你要不注意或者劲大了，口开太长了一使劲给豁开了，那就全废了。

（8）打磨修整

做哨口的最后一步是打磨修整。你看刚做完的这时候，边沿直，有棱角，它还傻呢，就是比较呆板，你拿锉给它磨一磨，磨平了，磨圆了，看着就自然了吧。自然它就好看了，跟人似的，看着就顺眼了，就好像这哨子它会笑了，它笑嘻嘻地看着你呢！

把哨口和哨筒粘到一

块儿，你看就有哨的样子了吧。但其实只是个半成品哨，还没有做完呢，哨还没有底呢！所以，下面一步就是粘底儿。

▲ 半成品哨

3. 粘底儿

哨底一般都是用葫芦削的圆片儿，筒大小粗细不完全一样，所以每个哨底大小肯定也不一样。手里拿着一块葫芦，把筒放葫芦上头比着，用多大的底，画多大的圆，用铅笔画下来，然后削出这么一个圆，再粘在筒上。这里要注意的是，拿刀削完底，要打磨一下，一个是磨

▲ 用铅笔画线

▲ 用刀刻底

▲ 对比修整

平、磨光滑了，二是把大小调整好。这个底儿得和筒严丝合缝，大了、小了都不行。再有用胶适量，不用太多，就是往边上抹，筒边上粘一圈，不用往中间抹胶。

这里还得说一下胶的事。老传统工艺是用猪皮鳔，而猪皮鳔是固态的，只有熬制才能使用。在熬制过程中，发出一种特别臭的味道。因为这个味道，现在的人们不愿意使用这种胶。我现在一般是用乳胶。这个胶用处比较多，底得粘，筒和筒之间得粘，安尾巴时还得用胶。因为用胶了，所以得晾干。放哪儿晾呢？你不能老用手拿着，就放到晾架上。这晾架都是我自己做的，就是两根木棍，中间正好插到里头。要是一次做出几把，就都放到晾架上，自然风干。

▲ 木质晾架

▲ 把鸽哨放在晾架上晾干

4. 安尾巴

你看这鸽哨，底下不都有这么个小竹片嘛，有管这叫“鼻儿”的，也有叫“把儿”的，我就管它叫“尾巴”。尾巴就是绑哨时要用到的，你看这个小竹片有一个小孔，就是穿铝丝儿、铜丝儿时用的。这竹片是插到哨里，是从里面粘的。可是怎么往里放胶，又放多少呢？我自己发明的，用一截软管，前面是注射器那针头，就往里滴一点点的胶水（要粘竹片时，首先得先往软管里放胶水，然后再挤压软管，让胶水顺着针头往哨里滴一点点，很少就够了）。现在都是用乳胶，原来都是自制的鳔胶。

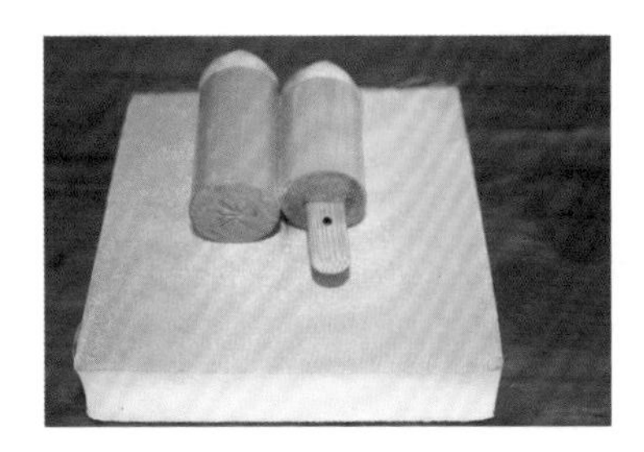

▲ 哨尾巴

▲ 制作鸽哨用胶

5. 试响、刻字

每个哨我都试响，用线拴上然后在空中绕，听响儿怎么样。试过响的哨，就要刻字了。刻字用的是大粗针做的刀，一点点刻上去，也是得仔细，注意力度，熟练了就不会说因为刻字刻坏了就把哨给废了。

我们永字鸽哨每一代刻的“永”字都不太一样，都有一些小的差别，第一代老永、第二代传人小永刻的永字就不同。王大

▲ 永字底款

爷刻的永和他们的又不一样。我作为第四代（传人），我刻的永字，在最后一捺那儿有小的变化。这都是王大爷生前交代的，而且王大爷把第五代、第六代永字的刻法，也都告诉我了。我们六代一循环，到第七代就可以返回用第一代的刻字方法。

6. 喷漆

鸽哨做成前的最后一步就是喷漆，喷上漆就漂亮了。过去喷漆是刷上去的，用毛笔刷，现在先进了，我一般用喷枪。喷漆的

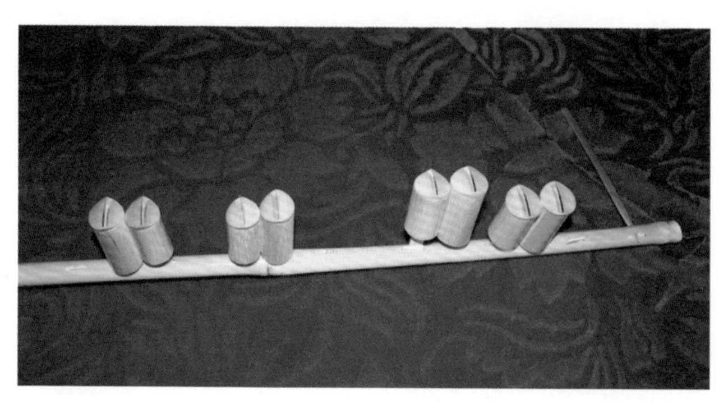

▲ 晾架

时候你不能图快，轻轻地喷上一层，晾一晾，再喷，得喷个至少五六层，所以喷漆怎么也得喷半天时间。

这个漆我再说说。传统工艺喷漆是用熟制桐油，也叫熟桐油。这种材料会发出一种刺鼻的味道，而且还刺激眼睛，喷一会儿就辣眼睛，眼睛睁不开。所以后来就慢慢改良，现在用一种水清漆代替。水清漆没什么味道，但是也有它的缺陷，就是光泽太亮。老辈人看惯了上桐油出的光泽，而且习惯使用熟桐油，对熟桐油的习性也更了解，所以，对于用漆有很多专家提出异议。

鸽哨喷完漆也得晾干，你看这个晾架也是我做的，跟之前晾胶的晾架又不一样。把鸽哨插到槽里面，架子一头有一个铁丝儿，就是为了能这么一挂，就能晾了，一般晾24小时就行了。

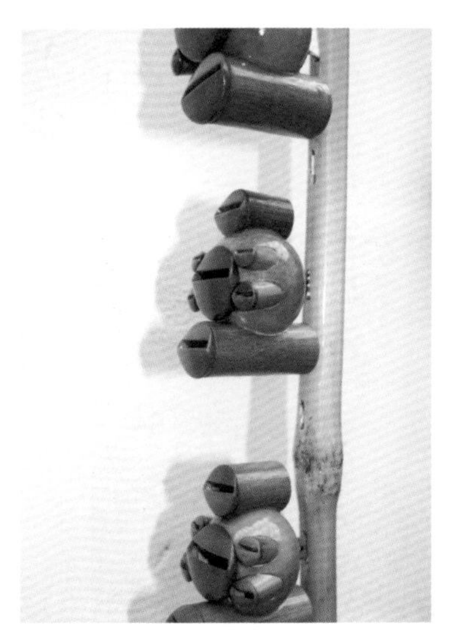

▲ 鸽哨喷漆后晾干

▲ 喷漆后鸽哨自然风干

鸽哨一般有五种颜色，也就是喷五种颜色的漆。分别是黄、红、本（色）、黑、紫。永字鸽哨用这五种颜色代表五行金、火、木、水、土。

▲ 不同颜色的鸽哨

（四）绑哨

鸽哨做好了，你得给鸽子戴上，一飞才能听见响，所以你还得会绑哨。绑哨是绑在鸽子的尾羽上，所以过去也有人管给鸽子戴哨叫“缝哨尾（yǐ）子”。

不知道的说绑脚上的那都不对，那也没法戴。因为鸽子它一

飞起来，它的脚就往后背，背过以后就藏的这个尾巴底下了，它的脚是包在毛里的，那怎么戴哨。

还有用胶布缠哨的，那都是偷懒的也不对的做法。（这种做法）对鸽子也不好啊，你粘它的羽毛，你粘完以后，把胶布一打开，羽毛全粘掉了，把那羽毛都粘坏了。而且这样缠的哨还不结实，一飞容易丢，要是掉下来了，那哨不就坏了。

正确的做法就是用线缝，就缝鸽子的4根尾羽，这才是最（合乎）规矩的。一般这鸽子现在就12根尾羽，不像原来有14根，还有16根、18根的。原来尾羽多它负担重，现在尾羽少了以后啊，它飞得轻省。甭管鸽子有多少根尾羽，你就用最中间也是最长的那4根来绑哨。

首先纫上线，就一针，穿过两根尾羽。没有那么复杂，有人问："为了结实就得多缝几针吧？"没有那个，就一针。

然后，拿起另外两根尾羽，用线缠，两根两根地缠，就从中间这两根插过去以后，底下那两根接着缠。先横着缠3圈，再竖着缠4圈，你就记着"横三竖四"，就跟打八字似的，在这个前后这么打圈，这就非常牢固了。

缠完以后，线头留两个扣子。你给它缝得再舒服，它也不习惯，以前没有啊，这缝上了哨子，它不习惯。就说你不飞鸽子了，把哨拿下来，有时候我都不拆尾巴的线，因为鸽子换毛时它自动脱落了。你要没拆线，它天天没事，一天到晚它拿那嘴，啄这儿啄那儿的，啄你绑的线，这老啄，线就松了，哨就容易掉。如果你给系上俩扣儿，它就啄这俩扣儿，啄不到上面的线，那你

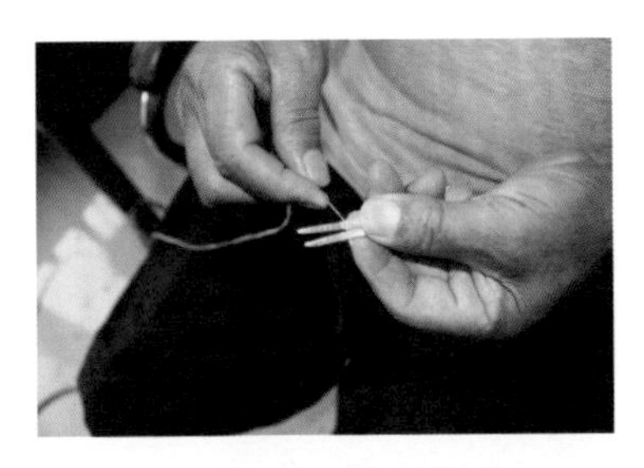

▲ 缝线一：针线穿过鸽子尾羽

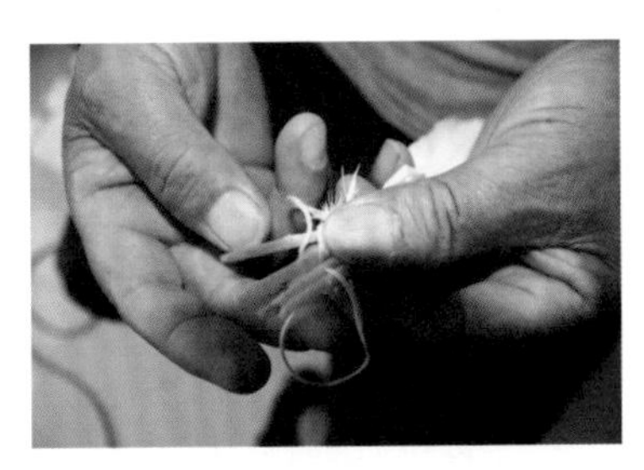

▲ 缝线二：用线横打圈

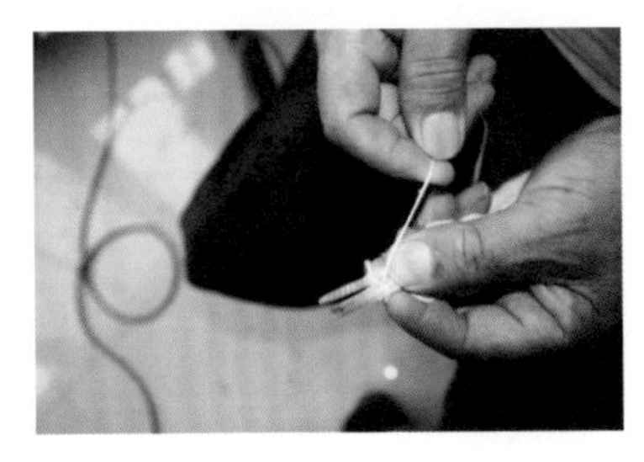

▲ 缝线三：用线竖打圈

▲ 缝线四：缝线完成

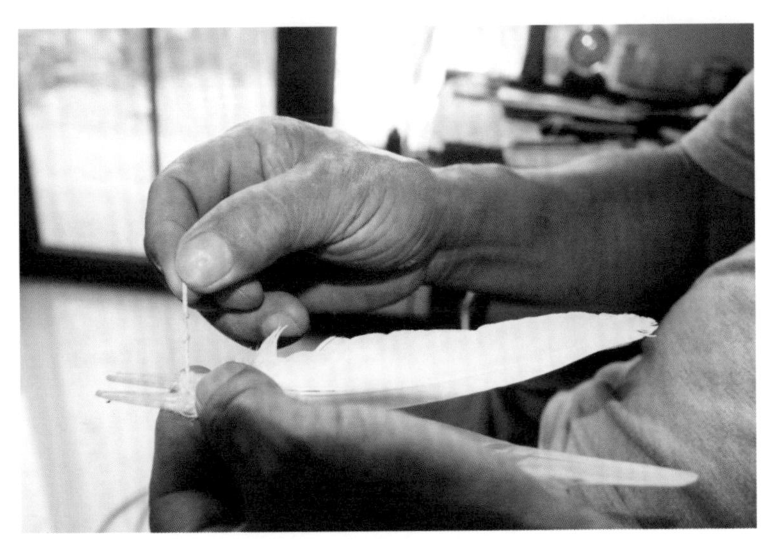

▲ 系扣

▲ 绑哨完成

绑的线和哨就不受影响了。

最后，你要给鸽子戴上哨，把哨插进鸽子的尾羽和线当间，再在鸽哨小竹片的小孔里穿上铜丝儿或铝丝儿，这鸽哨就算绑好了。这铜丝儿和铝丝儿一般是从外边买。不能用铁丝儿，因为鸽子定方向它是靠磁场定向，铁会影响它（判断方位）。铜丝儿比较沉，铝丝儿轻最好用。

我这缝得都结实，鸽子戴一段时间，飞个几百上千公里的都没事。一般夏末到秋天，鸽子要换毛的时候，尾羽就自动脱落换新的了，你都不用拆。不过，要是冬天或者春天给鸽子戴哨，不戴了最好就要把线拆了，别影响鸽子生长。

肆 传出去 传下去

一 / 共和国同龄人的愿望

我1949年出生，是共和国同龄人，我从2015年起，有一个愿望，这几年我就为这个愿望一直努力，一直干，到今年（2019年）7月底，我才刚干完，我希望今年我能实现这个愿望。

（一）包头之行的收获

2015年9月，我参加北京市东城区和内蒙古自治区包头市的文化交流活动，在包头市博物馆里，大家伙提起了快到共和国成立70周年了。他们一提醒我，我这脑子里当时马上就一闪，就是有这么个念头：我就为国庆做些哨子。我打算无偿地提供这些哨子，如果能参加2019年的国庆活动，让和平鸽戴着哨子飞过天安门广场，那该多好！这就是我作为北京市级非物质文化遗产代表性项目传承人、北京鸽哨永字鸽哨第四代传承人的一个愿望。

我经常想：我真是赶上好时候了，你看国家现在特别重视非遗，特别重视非遗保护，让我们这些老手艺得到重视，让我们这些传承人得到重视。在我前面的三代传承人，他们的生活特别是晚年的生活都是很悲惨的，因为靠这个手艺，你再高超的手艺，养家糊口也很困难。鸽哨的制作全靠手工，耗时耗力，你得有这个制作经验，你还得掌握这个技法，你现学还得有一个熟练的过程呢！而且它不能大批量制作，不能说靠销售、靠多卖来赚钱，这就是民间的玩意儿、民间的艺术，它需要国家出力来保护。我原来一直担心这手艺到我这儿断了，那就太对不起祖宗，对不起几代传承人了，所以我现在带徒弟，教他们这个手艺，我也宣传鸽哨，希望北京鸽哨特别是永字鸽哨得到更多的重视和保护。我觉得现在国家这么重视我们这个手艺，就让我们这些手艺人心里特别激动也踏实了，我就想我也应该为大家、为国家做点什么。

正好在包头那次说起来，我就有了这个想法，不过当时也没想好，真要干的话，做多少？做多少把哨我这心里也没谱啊，最后定下来就做700把。因为70把太少，天安门广场大，太旷，70把哨的声音根本显不出来。

我从2015年就开始做这700把哨了，到2016年时做了有200把，然后接着做，实际到今年7月底，我才刚都做完了，一共686把。

这数挺吉利，也是正好，不是特别安排的，我就是做了666把二筒，一个箱子正好能装333个，一共是两个箱子，然后是又做了20把葫芦，葫芦是今年刚刚做完的。等于是一共做了快4年了。要不那年打包头回来以后，我说

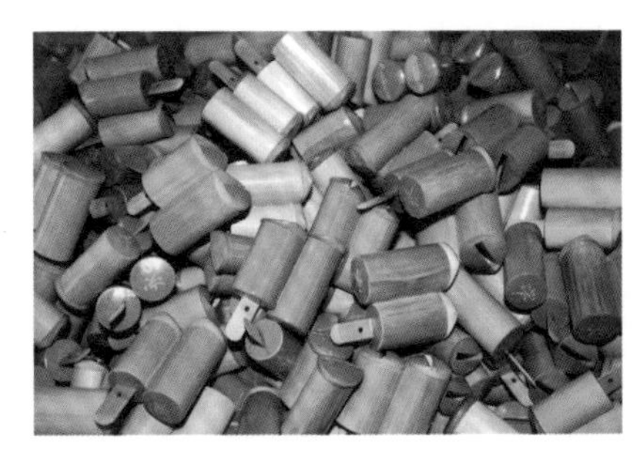

▲ 为国庆制作的部分二筒

▲ 截至2019年7月制作的二筒

这个太难了，这700把说可好说呀，真的做出来太难了。

（二）克服难题把料找

要做这700把鸽哨，首先我（做哨的）料就不够。（为了存材料）这两年，我记得老是大热天儿的时候，都是30多（摄氏）度，我就在料场的太阳底下挑料，挑完了，自个儿把不要的锯了。为了省运费钱，我都是自己装车把竹子拉回来，一趟能拉个十几捆料。每次都是满头大汗的，老伴儿看着直担心，怕我中暑晕倒在外面。可是，我这不就是着急多存点料嘛！老伴儿说，我这太执着了，跟中邪了似的，说我又可气又可乐。其实，她也是心疼我。

后来我算了一下，我为这700把哨所准备的竹子，其中真正能用的部分，要是全连到一块啊，得有0.7公里吧。

（三）病好以后再奋战

这几年我一直没断了做，到2016年我还扔了有小200把哨子呢。因为生病了，生病期间做的哨子不好，不好看，长相就不好，我自己都看不过去就给扔了。我是2015年就开始肚子疼，就一直忍着也没当回事。有时疼得厉害点，有时好点，我就还坚持做活儿。有时实在疼，我就拿我这拐杖头顶着右肋骨下面一点这儿，这样就不这么疼了。孩子们（知道后）不放心，让我去（医院）看看，我说没什么大事儿，我想着没准忍忍就过去了。后来实在不行了，他们带我去医院一看是胆结石，当时说还挺严重的，就要我住院，做手术。可是那时就年根儿底下了，马上就是2016年春节，我得上庙会。我就坚持着上了5天龙潭庙会。（医生嘱咐我）不能吃荤腥，所以那5天就老伴儿给拿保温桶带的小米粥，凑合着喝了5天粥。春节一过我就住院了，友谊医院的大夫给治得挺好的，我恢复得也不错。这好了以后我又接着做哨子，我就看2015年生病时做的有些个哨子不好，我就给扔了。

▲ 何永江和他制作的部分二筒

（四）手艺人的孤独谁能懂？

你看就这么一小桌，我干活的时候就窝在这么个地方，要不怎么说手艺人孤独呢！天天就跟傻了一样，就是待在这个地方干活儿。我为什么说做这玩意儿它特别孤独呢？因为做这玩意儿就得一个人坐那儿安静地干，还不允许有人跟你说话，没有边干边聊天的，就得专心做。比如现在采访我就没法做，有人跟你一说话，一有什么事一分心，就容易做不好。

平时没别人，就我和老伴儿，我一天天地在这儿做鸽哨，整天只顾着埋头做，也不说话，除了吃饭、上厕所，我都没离开过我这小桌。有一次老伴儿一喊我："吃饭了！"她进来我没听见啊，她突然这么一喊，吓我一跳，我手一下子没弄好，手里这哨口就给做坏了，当场我就说："你这不是浪费材料也浪费我时间

▲ 制作鸽哨

嘛！这不是全白干了！”结果（她）好几天不敢跟我说话，也不愿意理我，她不管我了，我就自己觉得饿了，就自己停下来去吃饭。我们俩也像二筒，二筒不是也叫闹子嘛，我们俩就是小两口打打闹闹一辈子！

二 / 好姻缘　好助手

▲ 何永江、尚利平夫妇

我挺感谢老伴儿的，我生活上，还有家庭上，包括孩子们的事，老伴儿管了好多，我就都不说了。就说我这非遗（申报）的这些事也全都是她帮我操办的。我只管做哨，忙前忙后，同各单位、各部门联系的都是她，跑手续也都是她。

（一）永字鸽哨今年正在申报国家级非遗

申报国家级（非物质文化遗产代表性项目）实在是太难了。从2017年老伴儿就开始帮我准备各种资料。然后一直到今年4月份东城区文化和旅游局通知我们，跟我们说可以申请国家级（非物质文化遗产代表性项目）了，我们就加紧按要求准备材料。东城区的领导们、老师们也帮助我们，告诉我们大概需要什么样的资料，主要是文字上的一些内容：把我们这个传承的脉络啊、项目的特征啊，还有分布的区域等等这些都填在表格上。

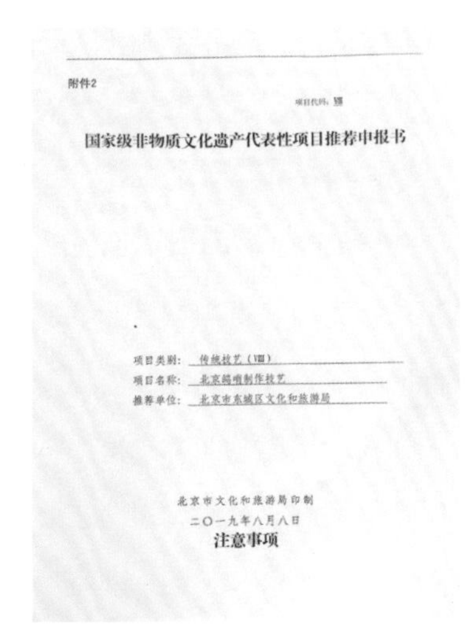
附件2

项目代码：Ⅷ

国家级非物质文化遗产代表性项目推荐申报书

项目类别：传统技艺（Ⅷ）

项目名称：北京鸽哨制作技艺

推荐单位：北京市东城区文化和旅游局

北京市文化和旅游局印制

二〇一九年八月八日

注意事项

▲ 申报国家级非遗的表格

一、项目基本信息

项目名称	北京鸽哨制作技艺	申报地区或单位	北京市东城区
列入地方名录情况	市级名录	名　称	北京鸽哨制作技艺
		类　别	传统技艺
		列入时间	2014年12月
	区级名录	名　称	北京鸽哨制作技艺（永字鸽哨）
		类　别	传统技艺
		列入时间	2013年7月
涉及民族	（如涉及多个民族请列举，并根据相关度依次排序，将主要民族列在首位。） 涉及到汉族、满族、蒙古族、回族。 明亡清兴，当时的北京城的民众生活再次发生了巨大变化，1644年清定都北京，大量八旗子弟随同清朝统治者迁住北京，整个内城都被八旗子弟占据，随之而来是内城的生活也变成了旗人的生活，随着多民族的融合，当时民众的交往，使北京鸽哨文化得以共同创立，清道光年间永字鸽哨盛行。		
是否多国共享	（如是，填写已知的涉及国家或地区及项目名称，如项目名称与我国有别，请对应列出。） 《京华忆往》（王世襄，第221页，《生活·读者·新知》出版社1921年出版）——“据笔者所知，现在全国各地，尤其是大中城市，有时也可以听到鸽哨声。各地的哨子有的是从北京买去的，有的为当时所制——偶读外国人写的文章，得知印度、印尼、伊朗、泰国等远东国家也有鸽哨。” 这几年来，西欧一带的国家也传来鸽哨的声音，德国、匈牙利、利比亚、葡萄牙等国家的养鸽爱好者纷纷来中国进行文化交流。2015年，这几个国家的友人也到永字鸽哨传承人何永江家进行采访，并接受何永江的鸽哨馈赠。2017年德国电视1台也采访、录制了老北京鸽哨。2017年英国记者何文旭体验鸽哨制作，并写文章介绍北京鸽哨。由此可见，北京鸽哨的传播已经多国共享，中国的鸽哨在国际上也被统称为北京鸽哨。		

▲ 申报国家级非遗表格填写的部分内容

正是今年7月底，天最闷热的时候，老伴儿一趟一趟往城里跑，她也是岁数大了，我们这岁数电脑都没有年轻人用得溜，但打印的、电子的各种材料都得交。最后总算是都交齐了，申报算是办妥了，那天老伴儿估计也是觉得任务都完成了，心里踏实了，所以在公交车上都睡着了，等一醒来才发现坐过了一站，最后只能自己走回来了。

你说这么累，我们又都这么大岁数了，老伴儿这么跑，她也真支持我。她说：“你能到更高的一个层次，会让自己的鸽哨制作技艺展示得更全面、更深入，而且是面向世界了，肯定会得到更多人的关注。”我知道她就是想着，我们岁数大了，能跑动的时候，她能帮我、帮永字鸽哨多跑跑就多跑跑。

还是那句话，我们赶上了好时代。各级领导都非常关注我们

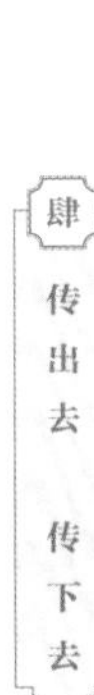

北京永字鸽哨，认可北京鸽哨，这等于也是我的申报优势吧。

（二）永字鸽哨的展室

媒体报道以后，很多的鸽友，还有咱们更多的媒体朋友，都非常关注我们永字鸽哨，特别是2013年我们获得东城区非物质文化遗产称号以后，社会上朋友来得比较多，我和老伴儿就发现展示是个问题。（每次）人家谁一来，我就得把东西都拿出来，然后人家走了再收起来，拿来拿去比较麻烦。有时候鸽友一来好几位，媒体采访拍摄或者照相的也都有一定要求，我原来那小屋暗，也容不下那么多人。后来，就和老伴儿商量，建个展室。

这个展室是我们自己筹建的，我们就想，有了展室可以让这些慕名而来的朋友们，有地方细看（展品），也有地方能坐着聊天。而且各级领导也要来视察我们永字鸽哨的制作技艺，所以得有一个专门的地方做展示。特别是在2014年，永字鸽哨成为（北京）市级非物质文化遗产代表性项目以后，这问题就更突出了。

2015年初，我们就筹备了，可是我们俩都是工人退休，手里头没有多少钱，一个月加起来也就5000多块钱的工资。这点退休工资，我们除了看病吃饭，也剩不下太多。我们家都是老伴儿管钱，我就问老伴儿："咱们还有钱吗？区里不是给每个非遗项目都拨了点钱吗？"

结果老伴儿跟我说，区里给的钱早就花完了，这钱主要是用去订檀木底座和买锦盒了。而且她说因为我要做700把哨，材料钱也花了不少。我说："手里料不够，再说料都得搁一段时间才能用，现在不存料，到时候我这创意不就吹了？”老伴儿没再言语，我琢磨着，从她这儿出钱是没什么戏了。

后来真不错，我们儿子省吃俭用的，支援了我们10万块钱。我们就把原来西边那间小破房扒了，建了这间50平（方）米的展室。

▲ 非遗展室外景

▲ 非遗展室内景

房盖完了，内外也还都得收拾，还有家具什么的也得置办一些，可是我们已经没什么钱了。我和老伴儿就商量着这钱得省着花。最后呢，一些零散的活儿，我们就没请工人，一个工人一天得要两三百呢，我们老两口自己来收拾。我们捡砖头啊，捡瓦块儿啊，挖完了以后清理垃圾呀，收拾零碎儿……到最后了我发现有的砖头、瓦块儿上全是血。这才发现我们这手全都破了，就是捡砖头捡的，要不说挺不容易的。

你看这屋里的这两大木桌子，你掂掂沉着呢，这都是我自己做的，还有这椅子。我们自己做了20多天才做出来的。现在老有大学生来调研，我就跟那些大学生说，干什么都不容易，你得吃得了苦。不过，我们只跟年轻人说苦，是（想）让年轻人多努力。

（三）出版中英文鸽哨书籍

我老伴儿一直爱好文学，这么多年她自己一直写些东西，也出版了几本书，她是北京市东城区作家协会理事、河北省作家协会会员。

当时老伴儿正在写她别的书，北京市文学艺术界联合会要给市级非遗项目出一套书，就包括我这个项目。别的传承人就自己找作者帮忙写，或者是文联帮忙找人写，我们东城区的文联也问过我打算怎么弄，我跟老伴儿一说，她挺支持，也很高兴，就说她先停了她自己的项目，来帮我整理资料。当时，老伴儿在报纸等媒体发表过一些关于鸽哨的文章，还有其他媒体朋友的宣传，老伴儿有心，这些资料都留着呢。

非遗的这个书呢，就是要比较全面地介绍这个手艺，过去的一些事啊，老的传承人这些，我想老伴儿来写也最好，一个是她好写，再一个因为谁都没有她了解我，就她是跟我朝夕相处的人嘛！

可是，原来那些东西、那些事，我从来也没跟谁提起过。就是打我们俩结婚到后来，我从来没有特别地、大张旗鼓地告诉她我会剜哨这一行。因为王大爷他们都没了，原来他们的手艺都是那么好，可从他们那时候剜哨就不能养家糊口，所以他们的生活都不太好，后来这手艺没什么人认了，我就有点心灰意冷，就不愿意再提这段（往事），所以也就一直没特意跟老伴儿说过。

现在有了这个机会，我这多年藏在心里的那些没处倾诉的话，那些关于这门手艺的话终于有机会说说了。我得好好说说。

可是，这么多年的东西，我也不知道从哪儿说起。我老伴儿还真行，挺会问的，她提示着我说。开始呢，就是我跟她说，她记录，我起一个话头，然后她就捯，一点点地往下追着问，我就越说越多、越说越深，等于是她帮我回忆起来好多东西。

包括这些制作技艺呀，也包括我知道的这些老北京的民俗啊，想的就都是那时候的那些事：师父和我在一起，师父带着我去王世襄先生家……这些场景就一个一个就跟过电影似的，在脑子里浮现，印象越来越深了。

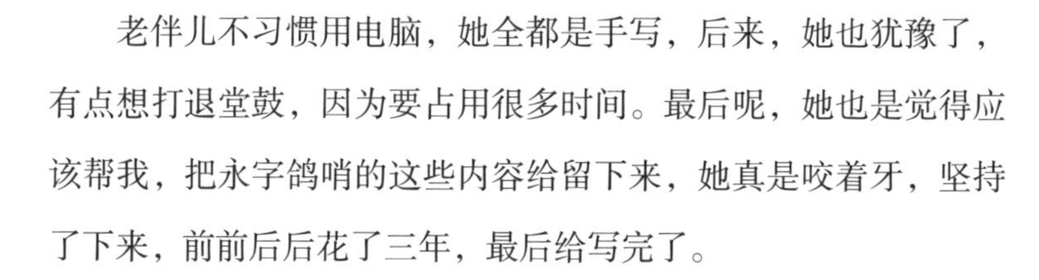

老伴儿不习惯用电脑，她全都是手写，后来，她也犹豫了，有点想打退堂鼓，因为要占用很多时间。最后呢，她也是觉得应该帮我，把永字鸽哨的这些内容给留下来，她真是咬着牙，坚持了下来，前前后后花了三年，最后给写完了。

▲ 尚利平著《北京鸽哨》一书的部分手稿

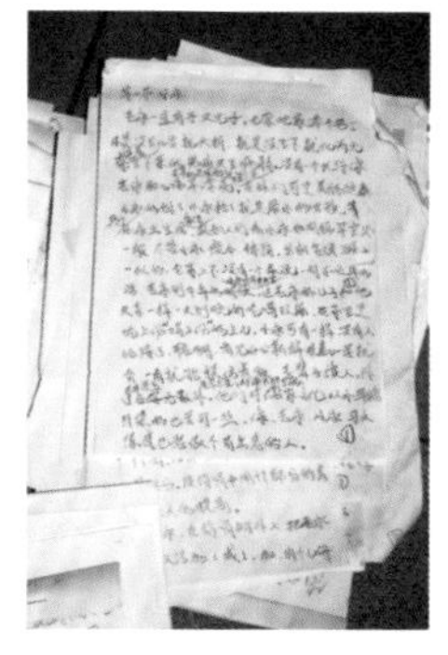

▲《北京鸽哨》部分手稿

这本《北京鸽哨》最后是在2017年出版的，是近些年我见到的北京市面上，也可以说是全国第一本专门写鸽哨的书，而且也比较全和专业。要不我说，原来我都不能回忆王大爷最后那段生活，就从老伴儿这本书出了，我心里的疙瘩才慢慢解开了，我才敢回忆这一段历史。

其实是挺感谢老伴儿的，平时我们之间不说这个，不说谢啊的，今天我在这儿借这本书说说：真是多亏老伴儿给整理这些资料！

2017年我们的《北京鸽哨》出版以后，出版社编辑跟我们说这本书反响挺好的。我们后来参加庙会、展会也都带上几本，让大家可以从书里多了解永字鸽哨。后来有外国的媒体来到家里采访，也有外国友人就直接找到家里来了，他们看鸽哨，看我制作，因为看书呢，他们看不懂中文，只能看书里那几张图片。后来出版社也觉得我们这本鸽哨还可以，就请来了翻译，后来在2018年10月就出版了英文版的《北京鸽哨》。

出了这本英文版的书后，外国朋友来到家里，他们就能看明白书的内容讲了什么了。后来老伴儿又帮我把（关于北京鸽哨的）英文简介给放大了打印出来，这样我们参加展示活动、庙会有外国朋友来看时，他们就都能看懂了。还别说，自从这么做以后，反响还挺好。

欧洲有一些国家的人也挺关注鸽哨，比如德国人就挺喜欢

▲ 中文版《北京鸽哨》封面

▲ 英文版《北京鸽哨》封面

鸽哨的，但是他们没有鸽哨，有几个德国朋友来我这儿不止一次了，他们还想，要是《北京鸽哨》再译成德文就更好了。据说我这个《北京鸽哨》英文版，在德国的一个书展上受到大家的喜爱，这也说明了世界上喜欢鸽子、养鸽子的这些外国友人非常关注咱们的《北京鸽哨》。

三 / 国内传播

（一）多家媒体宣传、报道永字鸽哨

从一开始就有各路的媒体朋友挺关心我们永字鸽哨的，成为区级、市级非物质文化遗产代表性项目以后，媒体报道就更多了。到现在有电视、广播、报纸、杂志、网络，各种媒体，宣传报道（北京鸽哨）得有快50次了吧。永字鸽哨先后在《北京晚报》、《光明日报》、《人民日报》、北京电视台、中央电视台等上都报道过，可见媒体朋友们都挺重视北京鸽哨这门手艺的。

我跟你讲几个关于媒体采访、媒体人的故事。那是2018年7月28号的事，《人民日报》记者小安打来电话，说要来采访我。我当时听了特别惊讶，人家那么大的报纸，说来就来了！我问小安："你怎么知道我的事？"她说："在媒体和网上关注您很久了，同领导汇报了才决定的。"当然她指的是北京鸽哨的事。我听完了，高兴得不得了。人家那么忙，还关注着这门手艺，看来我真得加把劲，多恢复多教点（鸽哨制作技艺）。

要说人家小安真是个训练有素的记者。那天一大早，就从北京来到京东我们这燕郊小院，小安虽然看着年轻点，但做事可是一板一眼。她最后写了一篇报道叫《鸽哨 飞翔的音符》（刊登在

2018年10月7日《人民日报》）。采访时，我跟小安说："这份鸽哨的记忆不是我的，是大家的，是国家的。我能做的，不过是将这份记忆支撑、传承。"我后来才知道，小安为什么把这份感动写在文章前头：是她听了我讲述鸽哨的事后，和全国的年轻人一样，希望我把这份记忆真实地展示给大家看。让大家不光在记忆深处想着那鸽哨的声音，更是想用自己的触摸真实地知道鸽哨是什么，鸽哨的声音从哪儿来。

我到现在还在纳闷，像小安记者一样，也像你采访我一样，现在能有这么多年轻人喜欢这些老手艺、老讲究？这些记者能从历史脉络掏根儿[1]，掏剜哨是怎么来的？掏传承是什么？掏每一代都创立了什么？掏现在还有人传承吗？真是够细的，你们年轻人喜欢我这手艺，我高兴啊！

最后，小安拉着我的孙女和外孙盘根儿[2]："你们知道鸽哨有几大类吗？""鸽哨的材料是什么？"你猜怎么着？底掉儿[3]倒是没有，虽然这问题简单，但是都是制作技艺的根本。问完了，小安搂着两个孩子，乐得和他们一样，还拍了一张合影。我心里明白，小安记者敬业，恪守职责，为了传承真实，人家是既不忘初心，又牢记使命。

2018年7月29号，我接受北京电视台融媒体采访，那天就是《人民日报》记者小安采访的第二天。北京电视台融媒体好几个

[1] 掏根儿：刨根问底，深入追问，寻找脉络渊源。

[2] 盘根儿：把面上的事情问清楚，没有掏根深入。

[3] 底掉儿：北京方言，这里指何永江的孙女和外孙没有回答错，没有被问住、被问倒。

▲《人民日报》安记者与何永江的孙女、外孙合影

人，架着镜头、背着大包小包的来了。我现在想起来，还浑身出汗。那天真是够热的，正是北京最闷热的几天，在空调屋里待着还不舒服呢。他们几个人要拍外景，我说：“别把你们热坏了吧！大中午的这大太阳这么烈你们怎么受啊？”你猜他们怎么说？他们说：“没事，这是工作，该拍您的时候您再出来，别把您热坏了就行。”

大中午的地都滚烫，这些孩子们为了找景，在地上蹲着、坐着、晒着，都没有人吭声。最后那个摄影师还把自己的T恤脱下来，罩在自己的机器上，我想他们是怕把机器晒坏了。这帮年轻人为了这份非遗的传承付出得太多！

其实，我想说的不止这几个事。有时我在想，国家重视非遗

传承，无数的非遗工作者、各级政府的工作人员、举办活动时的幕后人员、媒体的记录者、宣传出版书的编辑，都是在为非遗项目付出，光环我们戴在头上，千万别忘了这些默默辛勤耕耘的工作者。

我就来说说这些媒体人，不为人知的幕后的事。《北京晚报》2016年4月27号在记录版刊登了《一世鸽情》的文章。文章写得生动感人，整整一个大版面，登得全是鸽哨的事。

来采访的是《北京晚报》的一个男记者，挨着班儿（指依次地、从头到尾地问得比较全面、细致）地聊了个够。最后，他提

▲ 何永江接受网络电视台采访（何永江提供）

出个要求，要拍鸽哨的声音，鸽子飞翔时鸽哨的声音。他站在院子里，用镜头追踪鸽子飞翔，拍了几轮都不理想。现在年轻人有几个不穿名牌，你都想不到，他不顾地上脏，养鸽子哪能没有鸽子粪啊？他就躺在地上了，4月的北京，天还冷呢，地上更凉，他就那么躺在地上，足足有半个小时。那个专注啊，到现在我还能想起来呢！现在年轻人噢，用现在的话说，我在这儿得给你们点个赞，点个大大的赞。

（二）参加展会、庙会及文化交流活动

我从2013年就开始参加市里（北京市文化和旅游局）和区里（东城区文化委员会）组织的各种展会和文化交流活动，来介绍和宣传北京鸽哨、永字鸽哨。比如2018年我参加东城区文委（东城区文化委员会）组织的文化交流活动，来到对口支援的云南省腾冲市文化馆和云南省德宏州文化馆进行文化交流。交流活动后，我分别赠送了一对鸽哨给两个文化馆，两个文化馆为我颁发了收藏证书。2018年6月，我去故宫、角楼图书馆参加了文化交流活动；2018年端午节的时候，参加了北京市第五届“非遗大观园”；今年（2019年）4月份，还到宝岛台湾参加了文化交流活动。还有，东城区文委每年都会组织我们集体上庙会，进行非遗展示。这些年来，我参加过地坛庙会、龙潭庙会。

龙潭庙会是北京春节期间有名的庙会之一，每年都特别热闹，人也特别多，我上过几次龙潭庙会。就说2017年1月28号那天的事。

来龙潭庙会的人挺多，尤其在非遗展位前，围了一圈又一圈的人。我的展位叫北京鸽哨制作技艺，我把鸽哨几大类的代表作都拿出来给大家看，让行家过过眼，让大家伙儿开开眼。

▲ 2018年6月，何永江在故宫参加文化交流活动（何永江提供）

▲ 2019年4月，何永江到宝岛台湾参加文化交流活动（何永江提供）

▲ 参加龙潭庙会（何永江提供）

▲ 展览中与鸽友交流鸽哨历史（何永江提供）

▲ 展览中与鸽友交流鸽哨（何永江提供）

▲ 2019年8月在三河文化交流时接受三河电视台采访（何永江提供）

我站在展位前，不停地跟大家讲解鸽哨的知识。我知道大家冲这门手艺而来，按老辈儿说这是赏你的脸，捧你的场，带着这份心意来的，咱们能怠慢了人家吗？

为了这，我按老辈传下来的一种方法，把鸽哨挂在一种工具上，这样鸽哨能甩出声音。这就是不用鸽子飞，在现场简单地让大家欣赏，让大家过过听鸽哨声的瘾呗。这声音一起，就有人给我鼓掌。也许是鸽哨声音传得远，就看从老远有人用轮椅推来一位老人往这边儿过来。现在社会风气越来越好，人们自动让出一条道。老人最后来到我的鸽哨展位前，开心地笑着，比画着，指着鸽哨说要看看。自己还嘟囔着："我小时候听的就是这个鸽哨的声音。"我问他："您高寿了？"老人说："还小呢，86（岁）了。"他说，好多年没听见这个声音了，谢谢。我拿了一把精品鸽哨放在老人手里，老人竟然流泪了，还说："又回到了小时候。"周围的人也被老人感动，有个游人就说："您这是赶上好时候了，赶上非遗出来展示了。"

（三）家中展室来了大学生

我们把这个展室建好以后，大家来参观就方便了。近几年，一直有大学生来我们这儿调研，到现在一共有五所大学的学生来做过调研和课题研究了，包括中国传媒大学、北京邮电大学、北京体育大学、中央民族大学、北京第二外国语学院，这五所大学的学生来过我这儿。

他们拿着介绍信来，我都是免费接待。我觉得传承、传播（非遗）就应该这样，让更多的人了解和关注非遗，知道鸽哨。

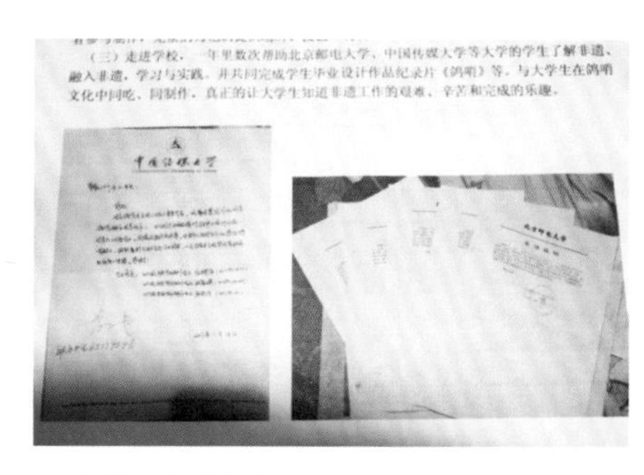

（三）走进学校。一年里数次帮助北京邮电大学、中国传媒大学等大学的学生了解非遗、融入非遗，学习与实践。并共同完成学生毕业设计作品纪录片《鸽哨》等。与大学生在鸽哨文化中同吃、同制作，真正的让大学生知道非遗工作的艰难、辛苦和完成的乐趣。

中国传媒大学

▲ 大学开的介绍信

▲ 大学生来参观（何永江提供）

四 / 国际交流

世界上还有一些国家也养鸽子，很多外国朋友也喜欢鸽子，但是鸽哨只有中国有，只有北京做得最好。外国人玩鸽子，但是他们不懂鸽哨，也没有鸽哨，更不会做鸽哨。外国的鸽哨，其实都是从咱们中国买走的。

（一）德国鸽展邀请

外国人里最关注鸽哨，联系我比较多的就是德国人。2018年7月，我接到德国法兰克福鸽展的邀请，请我去参加2018年底的鸽展，后来因为我身体的原因没能成行。

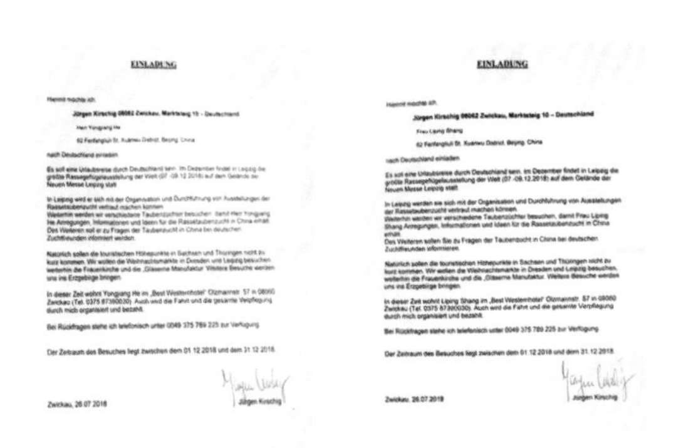

EINLADUNG

Hiermit möchte ich

Jürgen Kirschig 08062 Zwickau, Marktsteig 10 – Deutschland

Herr Yongjiang He

62 Fenfangliuli St. Xuanwu District, Beijing, China

nach Deutschland einladen

Es soll eine Urlaubsreise durch Deutschland sein. Im Dezember findet in Leipzig die größte Rassegeflügelausstellung der Welt (07.-09.12.2018) auf dem Gelände der Neuen Messe Leipzig statt.

In Leipzig wird er sich mit der Organisation und Durchführung von Ausstellungen der Rassetaubenzucht vertraut machen können.
Weiterhin werden wir verschiedene Taubenzüchter besuchen, damit Herr Yongjiang He Anregungen, Informationen und Ideen für die Rassetaubenzucht in China erhält.
Des Weiteren soll er zu Fragen der Taubenzucht in China bei deutschen Zuchtfreunden informiert werden.

Natürlich sollen die touristischen Höhepunkte in Sachsen und Thüringen nicht zu kurz kommen. Wir wollen die Weihnachtsmärkte in Dresden und Leipzig besuchen, weiterhin die Frauenkirche und die „Gläserne Manufaktur". Weitere Besuche werden uns ins Erzgebirge bringen.

In dieser Zeit wohnt Yongjiang He im „Best Westernhotel" Olzmannstr. 57 in 08060 Zwickau (Tel. 0375 87300030). Auch wird die Fahrt und die gesamte Verpflegung durch mich organisiert und bezahlt.

Bei Rückfragen stehe ich telefonisch unter 0049 375 789 225 zur Verfügung.

Der Zeitraum des Besuches liegt zwischen dem 01.12.2018 und dem 31.12.2018.

Zwickau, 26.07.2018

Jürgen Kirschig

EINLADUNG

Hiermit möchte ich

Jürgen Kirschig 08062 Zwickau, Marktsteig 10 – Deutschland

Frau Liping Shang

62 Fenfangliuli St. Xuanwu District, Beijing, China

nach Deutschland einladen

Es soll eine Urlaubsreise durch Deutschland sein. Im Dezember findet in Leipzig die größte Rassegeflügelausstellung der Welt (07.-09.12.2018) auf dem Gelände der Neuen Messe Leipzig statt.

In Leipzig werden sie sich mit der Organisation und Durchführung von Ausstellungen der Rassetaubenzucht vertraut machen können.
Weiterhin werden wir verschiedene Taubenzüchter besuchen, damit Frau Liping Shang Anregungen, Informationen und Ideen für die Rassetaubenzucht in China erhält.
Des Weiteren sollen Sie zu Fragen der Taubenzucht in China bei deutschen Zuchtfreunden informieren.

Natürlich sollen die touristischen Höhepunkte in Sachsen und Thüringen nicht zu kurz kommen. Wir wollen die Weihnachtsmärkte in Dresden und Leipzig besuchen, weiterhin die Frauenkirche und die „Gläserne Manufaktur". Weitere Besuche werden uns ins Erzgebirge bringen.

In dieser Zeit wohnt Liping Shang im „Best Westernhotel" Olzmannstr. 57 in 08060 Zwickau (Tel. 0375 87300030). Auch wird die Fahrt und die gesamte Verpflegung durch mich organisiert und bezahlt.

Bei Rückfragen stehe ich telefonisch unter 0049 375 789 225 zur Verfügung.

Der Zeitraum des Besuches liegt zwischen dem 01.12.2018 und dem 31.12.2018.

Zwickau, 26.07.2018

Jürgen Kirschig

▲ 德国法兰克福鸽展给何永江夫妻两人的邀请函

（二）外文杂志刊登

我做鸽哨，宣传非遗，就认识了一些外国朋友，（其中）有鸽友，也有媒体朋友。《新旅行》这个杂志的一位记者，中文名叫何文旭，他是个英国人，他上我这儿来过，进行了采访，他还体验了制作（过程），后来给我写了一篇报道。

Inside Job

Pigeon whistler

Frank Hersey is trying every job in Beijing. This month: pigeon whistle maker and evangelist

Pigeon culture could yet be China's greatest soft power. If you've ever heard a flock of pigeons swirl overhead in Beijing somehow sounding like a UFO coming in to land, then you've already been exposed to the magical effect of strapping bamboo whistles to the back of a bird.

After meeting Master He Yongjiang while he was displaying his whistles at a temple fair, we arranged for me to come and learn about his whistle making, though I wasn't aware that he'd arranged for the leading lights in pigeon culture to also be there, including other whistlers, fanciers and the editor of *Fans of Ornamental Pigeons*.

I begin the day with a tour of the pigeons (who knew that some have curly feathers?) and then of a selection of Master He's whistles. They're true works of art and unlike anything I'd ever seen. They're multi-chamber, multi-note instruments made of bamboo, dry gourds, oranges, lotus seeds, lychees and even ivory ('Government-approved ivory,' his wife points out, 'and rhino horn in the past, but we use bamboo for those bits now').

For each whistle I'm given a rundown of how many days it took, based on an eight-hour shift, culminating in a gourd-based whistle bigger than any pigeon. This 36-day, bright yellow wonder has 56 valves to represent the ethnic minorities of China. It's just a model and 'represents, as do all pigeon whistles, Chinese peace to the world,' says Mu Tong, editor of *Fans*.

The next part of my induction is a group assessment of the status of Beijing pigeon whistle culture worldwide: it's doing okay in the UK and is really big in Germany, where they even have a museum. There's a huge demand for Chinese pigeons, they say, but they cannot be exported. All are hoping for updated regulations soon.

By this point I'm raring to go, but it's lunchtime (11.25am). Unfortunately for me this involves two full-to-the-brim beer glasses of Mongol King *baijiu*, drunk in toasts to intangible cultural heritage and the promotion of pigeon whistle culture worldwide. By the time I'm back in the workshop I can't even draw around the end of a length of bamboo.

Master He soon has a round valve top cut out of bamboo and chips away at half of the disc, hammering through the valve opening before glueing it onto the bamboo chamber, slapping it against his inner thigh to knock it all into place. He sets it upside down on a windowsill to dry. My turn.

'Why is that when I do it it's really easy, but when you do it you do everything wrong?' Master He, who began making whistles in 1963 just before such traditions fell sharply from favour, wonders aloud.

Thankfully, he adopts a hands-on approach to my instruction and no people or birds are harmed. I learn how to attach a whistle to a string on a handle and swing it whooshing overhead to test the sound. 'Though the whistle has to be attached to a pigeon's body to get the true note,' says Master He as he sews one in place through a pigeon's tail feathers.

Only now do I get a more personal answer to my main question about pigeon whistles: why? 'For me,' says fellow fancier Mr Hou, 'it's all about mood. If I'm feeling down then I'll attach two specific notes to my pigeons and set the flock off. The harmony created really cheers me up. And if I'm already in a good mood, I choose different notes to keep me there.'

Next month We're old! *Time Out Beijing*'s 150th issue

48 timeoutbeijing.com March 2017

▲《新旅行》杂志报道永字鸽哨

五 / 传承的规矩

（一）传承大于天

媒体宣传以后，永字鸽哨的知名度越来越高。喜欢鸽子的鸽友、喜欢鸽哨的朋友都纷纷来找我聊天、交流，很多鸽友后来帮了我很多的忙。可以说，没有朋友们的帮助，就没有鸽哨制作技艺的今天。

原来就是逢年过节，好朋友知道我会做哨，偶尔来求一把，他们都是（把鸽哨）当作一个小玩意儿，虽然也是喜欢，但是

▲ 用二筒摆出的造型

▲ 与鸽友交流（何永江提供）

（他们）没有把鸽哨太当回事儿。现在（北京鸽哨）成了非遗，很多爱好者就把鸽哨当成了艺术品，一订就要订好几套[1]，还有要成樘[2]成樘买的。

我谢谢朋友们认永字鸽哨，可是我没想靠这个赚钱。钱是有用，我们建展室、买材料、买锦盒什么的都需要钱。这几年我的时间都用在做700把哨子上，我没时间做别的，以后我也不会说

[1] 一般一套就是6把哨或12把哨，分别是3对、6对。

[2] 樘就是13把以上的，13把到18把的，再就是24把、36把，何永江一般最多就到36把。

做好多就为了卖。我还是以宣传和展示非遗为主，以传承为主，北京鸽哨、永字鸽哨需要的是传承下去。

鸽哨制作是纯手工，就是费力又花工夫的活儿，（除了要花工夫）你还得有手艺。你像二筒（虽然）简单，（但是）一把我也得做一天，葫芦哨复杂制作时间就长，那些展示用的鸽哨，时间就更长。你像三十六响，那么多小崽儿，我得做将近一个月。我今年70岁了，岁数越来越大，眼睛越来越不行。你看我制作时，白天我也得开着小台灯，那个小台灯是闺女专门给我找的，个不大，还亮，正好照着操作台那一小块地。所以，你说我这么大岁数，还有那么多种类和样式等着我恢复，还有一些文化交流活动要参加，我没有时间老去做哨，我要是把不多的这点哨都卖了，将来年轻人拿什么当样子照着做？

我和老伴儿都有退休金，孩子们又都挺孝顺、挺帮忙，我们这岁数已经不需要那么多钱了。我早都想开了：不就是少吃点好的，少穿点好的嘛！我就干我自己喜欢的这点事儿，这就是我晚年的乐子。而且现在国家又这么重视，不是挺好的嘛。还是这话：你看我师父、我师爷他们晚年都过得不好，我现在赶上好时候了，最需要的是把这手艺保留下来，传承下去，不是去卖钱。

现在我就是参加交流活动之外，有时间我就做把鸽哨，真是说喜欢鸽哨的朋友，我才卖个一两把。有的人家比我岁数都大，说上家求把哨，人家也不给鸽子戴，就放到柜子里，说没事想起来，拿手里看看，听听响，这我都是给人家处理好，装锦盒里拿走。而且我的哨都有编号。你说你在我这儿买的，我要跟买主合影，有照片我才认是我做的。现在也方便，拿手机不就能照相了嘛，没有照片，你那哨说是永字鸽哨，是从我这儿买的，我都不认。

（二）徒弟和学员有差别

我王大爷王永富那时候生活困难，但凡剜哨卖了几个钱，他就带着我上饭铺，他教我做鸽哨，没收过学费，还老管我饭。现在我也是这么对徒弟。我有一个徒弟还有几个学员，都不跟他们收费，就是白教。尤其对徒弟，因为这门手艺指着你往下传呢。徒弟你不用给我钱，也不用给我带东西，我看上你的手艺了，我就倾心倾意地教。历来找徒弟不好找，找一个随心的徒弟难，很可能一生都找不到，也是可遇不可求的事。随心的徒弟呢，就是那种做的东西不出谱，按规矩来，哪儿不对或者做得不好，告诉他，他马上就能改过来的人。

说学员呢，我对学员的要求就没那么高。对外呢，我也承认是跟我学的，学员他们有时候来给我带点茶叶什么的，就是那个意思嘛！

（三）我的心里有杆秤

我在工厂时干过木工，我木工活挺好的，家里吃饭的桌子、

我做鸽子哨用的老桌子，都是自己打的。木工的技术对我做鸽子哨有一些帮助，手艺人的手，不能生，什么东西琢磨琢磨，都能自己做。那年，人家给我一个秤，一直没有用，就家里放着。这个秤杆，特别长特别粗，后来我拿这头做了一个锤子，做鸽哨时候用，后面这段大长杆，干什么用呢？我又不想浪费，就又给自己做了一个拐棍。岁数大了，慢慢以后要拄拐了。就是2015年生病的时候，有时候肋叉子这儿疼，我就用这个拐杖顶着点，就不那么疼了。这拐不就用上了，秤等于也没浪费全使上了：锤子做鸽哨，拐棍自己用。

用秤做拐棍也有讲究：到老了，称一称你自己有几斤几两，有没有做亏心的事。这也算是一辈子的总结了。师父不是告诉我了么，要讲德行，做人你这良心要禁得住秤称。

▲ 何永江做的锤子和拐杖

（四）孩子们

孩子们怎么说我？（笑）

我儿子说："爸，您落什么了？为个鸽哨您不要老命了啊！"

我想，我这条老命不值钱，要是把这手艺丢了才是个大事呢！人家说，传点手艺要正，首先是心正，这也许就是传承的精神吧。我又一想，先前是喜欢，但这手艺是绝活儿，慢慢地做着做着变成了一种责任吧。制作技艺传着传着传歪了，不也是责任嘛！我都这岁数了，还能有几年下手做活啊！

儿子说归说，还是挺支持我，也挺帮着我的。

我有一个儿子和一个女儿。他们都特别孝顺，都要接我和老伴儿去他们家住着，说岁数大了，弄这么一个院子挺累的。我想，我还得做哨呢，做哨竹面子满处飞，挺脏的，有时候还吵，

▲ 何永江与儿子

▲ 何永江的全家福

▲ 永字鸽哨第五代传人接受广播电台记者采访

我和老伴儿商量就没去，我们就在我们这个小院挺好。

我儿子有一个女儿，我女儿有一个儿子，孩子们周末，还有逢年过节的来，还老给我们带吃的，买衣服，买鞋，什么都拿来。我说什么都不缺，什么都有，他们还都拿。

孩子们都跟我学做鸽哨。儿子从小看着我做，跟着我学，一直到现在也是跟着我学、跟着我做。他有他的工作，但是这个做哨的手艺是家传的，他是一直跟着学的。

我的女婿是和我女儿结婚以后开始跟着我学的，拜师有这讲究，不按岁数大小，按进师门早晚。永字鸽哨第五代传人现在有三位，老大是我儿子，老二是我徒弟，老三是我女婿。虽然女婿岁数比徒弟大一点，但是他拜师晚，所以他是老三。

▲ 永字鸽哨第四代、第五代、第六代传人

永字鸽哨的第六代传人是我的孙女和我的外孙，他们也是从小就看着我做，跟着我学。

鸽哨的制作不是只传男，也传女孩，所以我从他们小（的时候）就教他们做。从我师爷小永那辈儿，就有女孩做哨，做得还不错呢。我师爷小永在旗，祖上是名门望族，小永有个妹妹，大家都叫她小永格格。小永格格聪明漂亮，不但女红做得好，也学会了做鸽哨。而且她的永字还不是刻的，是用针刺上去的。在当时，小永格格和老永、小永是一样的有名。后来家族没落，小永格格嫁在隆福寺（一带），就长期在隆福寺摆摊，来养家糊口。我王大爷管小永格格叫姑，小永格格的女儿是王大爷的表妹，后来王大爷也经常和姑姑小永格格一块儿在隆福寺卖哨。

后来小永格格没了，王大爷剜哨卖了钱，一个是带我去吃点好的，再就是买点好吃的，给小永格格的女儿送去。

所以，我不光教外孙子做鸽哨，也教我孙女做鸽哨。

有这外孙子和孙女可让我放心了。原来我一直着急，鸽哨不光是得有手艺做，鸽哨得听，它能发出声音，是美的声音，好听的声音，按老辈儿的规矩是宫、商、角、徵、羽五音。对应的是现代音乐1、2、3、5、6。我还记得王大爷那会儿，王大爷吹鸽哨，王世襄先生拉二胡，吴子通先生吹笛子，他们在那儿对音。那时候，我也就是八九岁，就记得他们老几位争争吵吵，为这五音的准确在那儿讨论，最后确定了哪把哨子是哪个做法，出什么音儿。遗憾的是，我只学到了前两个音，后面三个音我还在

▲ 和孙女一起做鸽哨

▲ 和外孙、孙女一起做鸽哨

琢磨，还没完全恢复。因为我音乐上不行，所以我就着急，尤其是岁数越来越大，我更着急了。现在呢，我11岁的外孙和8岁的孙女都喜欢音乐。外孙喜欢中国的大鼓和架子鼓，已经考过九级了，孙女更棒了，笛子、钢琴都学着呢，也考了好几级了。最让我欣慰的是，孙女学笛子，还说呢，爷爷您别着急，等我学好了，我跟您一块儿做鸽哨，一块儿琢磨鸽哨的声音。我看着这两个孩子，心里美啊，这不就像大家期望的那样，传承有望了嘛！

（五）传承的精神

鸽哨的制作手艺、音律节奏，都是祖辈传下来的，有许多讲究。好多人都说这是绝活儿，我呢，也想说说这个绝活儿。我让老伴儿查了字典，这字典上说，最拿手、最有特色的本领，叫绝活儿。对喽，这话说到我心里头了。绝活儿可是上几辈祖上留下来的。也许是几十年，也许是几百年，靠智慧留下来的经验。也许是门（派）里独有的手艺，传下来不容易，先得爱它，喜欢它，吃苦受累，受磕打都不能怕。

您说，“绝”就是没有别的路呗，“活”，那是绝路逢生。这我有自己的体会，真是置之死地而后生的感觉，你看我恢复老哨那时候多难，但是最后走过来了，靠什么？靠自己磨炼，不是一天两天，也不是一年两年，就说我吧，到今儿已经是60年的学活儿，我也不敢说，我把绝活儿给掌握了。到这儿，我也想跟年轻人再说说，学手艺，就得拿出铁杵磨成针的劲头来。传承不容易。

伍 精品赏析

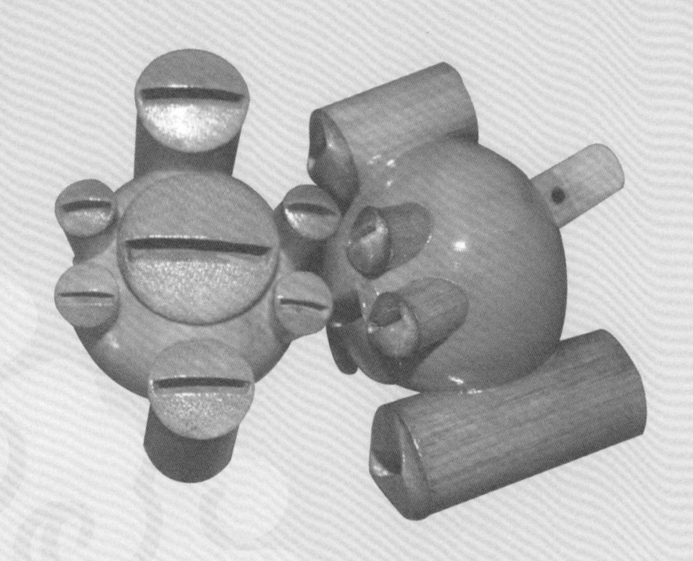

一 / 鸽哨精品赏析

鸽哨精品是永字鸽哨制作比较精细的一些哨子，还有我恢复的一些原来的老哨子，再有就是用于展示的鸽哨了。

▲ 二筒　何永江制作

二筒是万哨之母，造型最简单，制作也最简单，也是玩家最常玩的鸽哨之一。（一般）用二筒比喻夫妻两人，所以二筒也叫闹子。

▲ 四响二筒　何永江制作

四响二筒是在二筒的基础上，多了两个小崽儿，以这个来比喻一家四口。这种哨子也叫二筒抱崽儿。

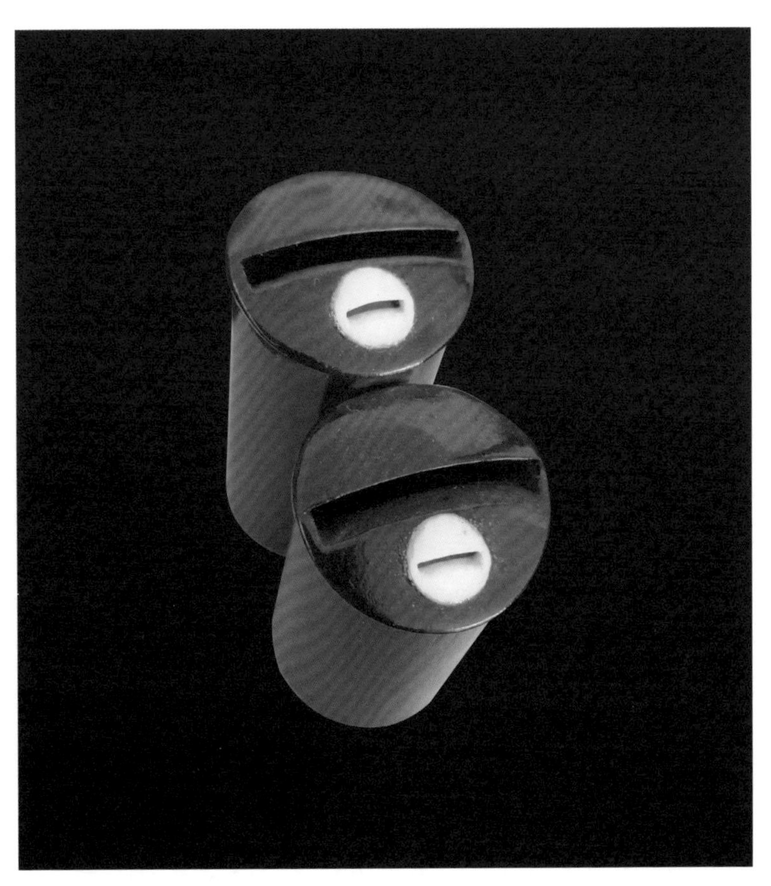

▲ 檀木象牙口四响二筒　何永江制作

这是我恢复的一把老哨子，现在咱们不提倡用象牙做哨，就是展览展示用。

▲ 三联　何永江制作

三联属于筒哨，筒比二筒细，声音也要高一些。三联比二筒的声音清脆，是比较常见，也受鸽友欢迎的一种鸽哨。

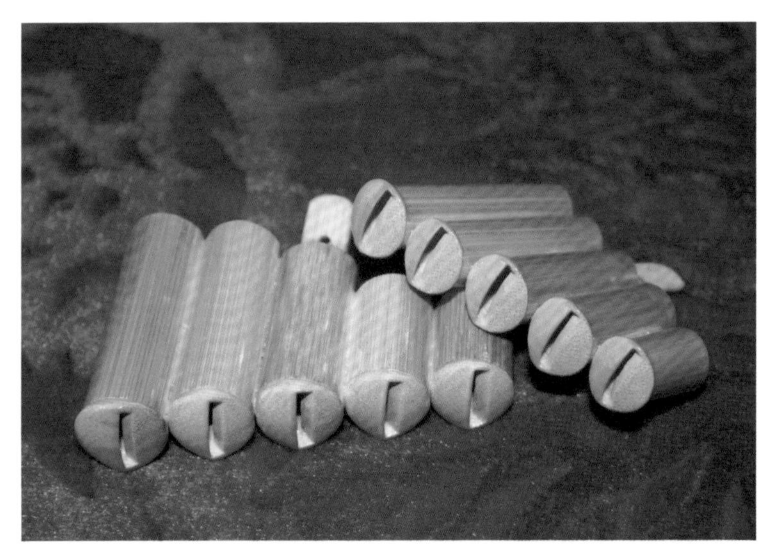

▲ 五联　何永江制作

五联属于筒哨，筒比三联还细，声音更高。它可以发出像一串铃铛响时的声音，清脆、悦耳，也是比较常见的受鸽友欢迎的一种鸽哨。

▲ 三头六臂哪吒城　何永江制作

相传北京建都时，刘伯温是按照哪吒的身子建的，有头有胳膊有腿有脚，整个城是北高南低，顺着地势而建，这也有利于城市排水抗涝。北京鸽哨就有寓意北京城形象的三头六臂哪吒城鸽哨。这都是北京城独有的特色。

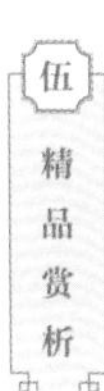

▲ 七星　何永江制作

七星是由葫芦和竹筒制成的鸽哨。这种星眼类鸽哨的声音最为好听，既有葫芦的悠扬，又有竹筒发出的清脆声音。

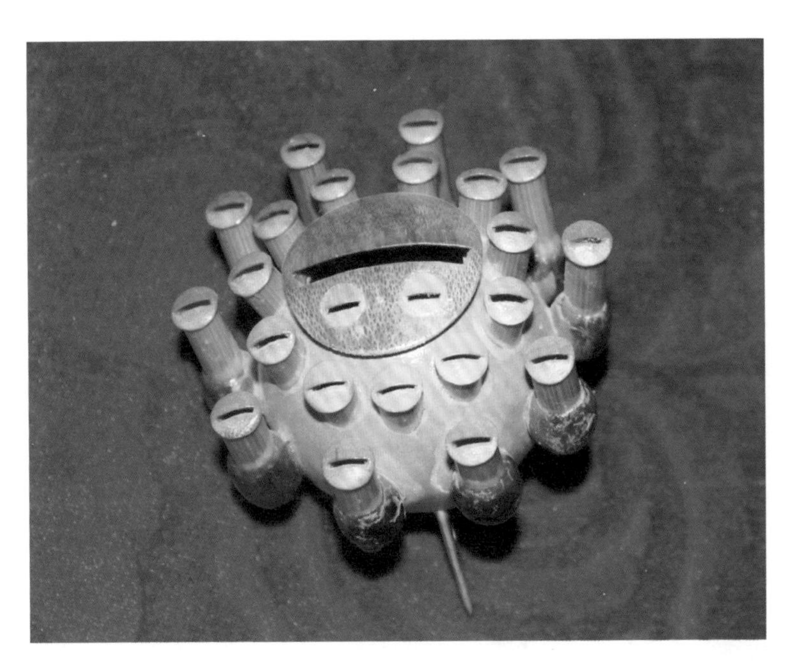

▲ 二十四响　何永江制作

北京四季分明，鸽哨的制作还与农耕文明有关。这二十四响鸽哨就代表着二十四节气：立春、雨水、惊蛰、春分、清明、谷雨、立夏、小满、芒种、夏至、小暑、大暑、立秋、处暑、白露、秋分、寒露、霜降、立冬、小雪、大雪、冬至、小寒、大寒。这处处体现着文化，鸽哨虽小，它也是有内涵的。这把二十四响外圈小响是用莲子做的，也可以用竹筒等一些材料制作。

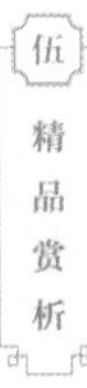

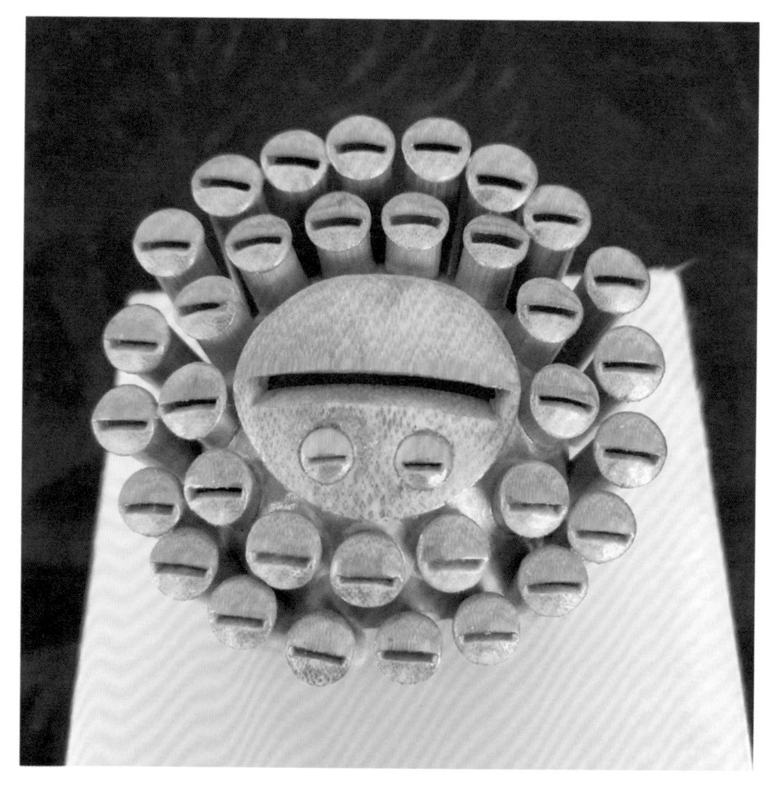

▲ 三十六响　何永江制作

三十六响的竹筒非常细小，紧密地排列在葫芦上，用三十六响寓意的是一年365天，一年四季。这种鸽哨主要为观赏类鸽哨，由于个头大，不适宜给鸽子佩戴。

▲ 莲子鸽哨　何永江制作

这把莲子鸽哨是星排类鸽哨，用莲子等材料制成鸽哨，是我恢复老哨的代表作。

▲ 白果鸽哨　何永江制作

这把白果鸽哨是星排类鸽哨，是用白果等材料制成的鸽哨，是我恢复老哨的代表作。

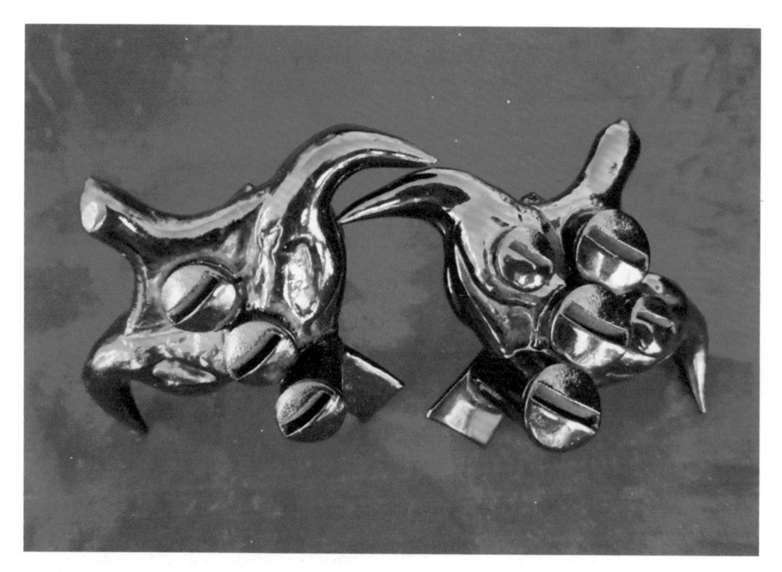

▲ 菱角鸽哨　何永江制作

用菱角壳做哨是永字鸽哨的独创，是我恢复永字鸽哨的代表作。

▲ 荔枝壳鸽哨　何永江制作

把经过特殊处理的荔枝壳做成鸽哨，不脆不坏，利于展示，是我恢复老哨的代表作。

▲ 橘子皮鸽哨　何永江制作

把经过特殊处理的橘子皮做成鸽哨，皮不会返潮也不软，便于展示，是我恢复老哨的代表作。

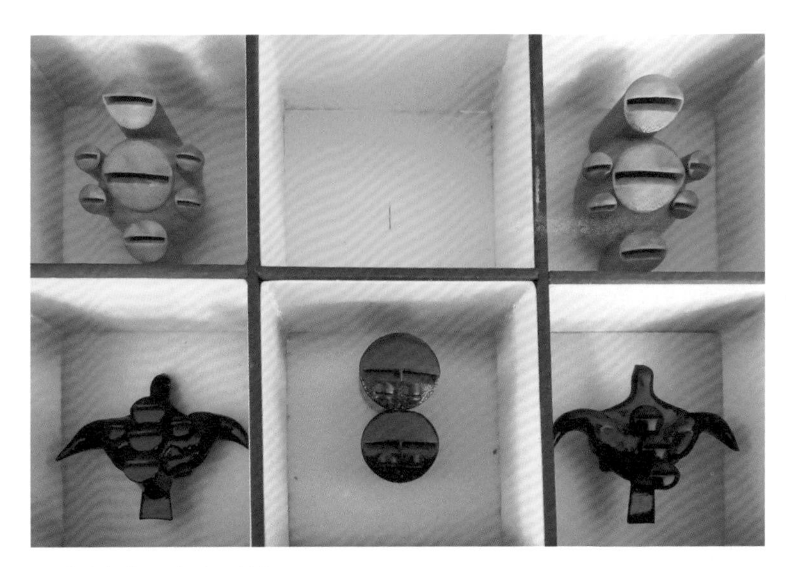

▲ 鸽哨集萃1　何永江制作

鸽哨一般放在锦盒内保存收藏，也便于展示。上排两把为七星鸽哨，下排两旁为菱角鸽哨，下排中间为二筒抱崽儿鸽哨。

▲ 鸽哨集萃2　何永江制作

鸽哨一般放在锦盒内保存收藏，也便于展示。上排从左到右分别为三十六响鸽哨、象牙口葫芦鸽哨、白果鸽哨；下排从左至右分别为二十四响鸽哨、檀木象牙口二筒鸽哨、莲子鸽哨。

▲ 鸽哨集萃3 何永江制作

鸽哨一般放在锦盒内保存收藏，也便于展示。上排从左至右分别为橘子皮鸽哨、七星鸽哨、橘子皮鸽哨；下排均为葫芦鸽哨。

二 / 鸽子精品赏析

▲ 平头点子

点子是北京最常见、北京人最爱养的一个鸽子品种，有平头和凤头之分。平头就是鸽子的头是平的。

▲ 凤头点子

凤头点子是指在鸽子的头上有一小撮毛立起，像是一小朵没有完全开放的花朵，也像是凤的头，所以称为“凤头”。

▲ 黑玉翅

黑玉翅是北京比较常见的一种鸽子。平时被人们念白了，就叫成了黑羽翅，学名黑玉翅。这个品种黑头、黑尾，只在黑翅膀的最外侧有几根白色的羽翎。

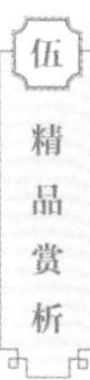

▲ 北京金眼白

北京金眼白是北京的一个传统品种。其通身雪白，眼睛是金色的，属于小嘴鸽子。大嘴的白色鸽子是洋白，洋白属于外来品种。

▲ 葵花

葵花是比较少见的一个品种，因其全身羽毛有六处旋儿，像盛开的葵花一样而得名，也被称为“鹰”。

▲ 紫玉环儿

紫玉环儿全身绛紫色，包括头、尾、翅膀，只在脖子有一圈白色，属于比较少见的一个品种。

▲ 银头

银头下半身是黑色，包括翅膀、尾巴是黑色，只在脖子以上包括脖子和头部是白色的，这种鸽子的眼睛属于葡萄眼，属于比较少见的一个品种。

▲ 围领儿

围领儿因其脖子处有一圈立着的毛，像衣领一样围在脖子上，得名“围领儿”，这是原产于国外的一个品种。

三 / 给鸽子戴哨

给鸽子戴哨，先得缝好尾巴，要不容易丢哨。缝的方法就是绑哨里说的办法。你绑好了哨，就不会掉，不会丢。

▲ 墨环戴七星

▲ 墨环戴五联

▲ 点子戴二筒

▲ 点子戴三联

何永江大事年表

时 间	大事记
1949年	何永江出生
1968年	何永江到河北省三河市插队
1973年	何永江结婚
1974年	何永江到河北省三河市煤矿工作
2005年	何永江退休
2012年	参加北京市东城区民间艺术家作品观摩展，获得优秀奖
2013年3月	北京电视台财经频道制作播出《情迷观赏鸽》节目
2013年3月	北京新闻广播电台播出介绍永字鸽哨的节目
2013年7月	永字鸽哨制作技艺入选东城区第四批非物质文化遗产名录
2013年9月	参加“天宫巧艺”首届北京市东城区民间工艺美术双年展
2013年10月	参加北京市东城区与新疆和田市墨玉县文化援疆活动
2014年12月	北京鸽哨制作技艺入选北京市级非物质文化遗产代表性项目名录
2015年3月	北京电视台新闻频道和财经频道分别播出东城区非遗元宵展示活动

续表

时 间	大事记
2015年9月	北京电视台北京卫视播出永字鸽哨参加东城区非遗文化馆开幕活动
2015年9月	被认定为北京市级非物质文化遗产代表性传承人
2015年9月	参加北京市东城区与内蒙古包头市的文化交流活动
2015年11月	参加北京市东城区与河北省廊坊市的文化交流
2016年4月	《北京晚报》报道永字鸽哨
2017年7月	《光明日报》报道永字鸽哨
2018年6月	参加北京市东城区在故宫博物院举办的非遗文化展示活动
2018年6月	参加北京市东城区第二图书馆（角楼图书馆）的非遗文化展示活动
2018年7月	《北京晚报》报道永字鸽哨
2018年7月	接到德国法兰克福鸽展的邀请函，被邀请参加2018年底开幕的国际鸽展
2018年10月	《人民日报》报道永字鸽哨
2019年4月	参加北京市东城区和台北市文化交流活动
2019年8月	参加北京市东城区与河北省三河市文化交流活动

后记

我上小学的时候家里就养鸽子，我给每一只鸽子都起了名字，它们花名册就是我的一个小单线本。我记得最清楚的是其中两只刚成年的小鸽子。

一天晚上，我发现那只叫小白的鸽子没有在鸽棚里，此后一个多礼拜白天晚上都没有看到小白，我想它是飞远迷路了。结果要放暑假的那天早上，它突然出现在我家平房的屋顶上。我真是意外又高兴，连家里人都跟着高兴。小白看着有点惊慌的样子，估计是这几天既没休息好也没吃好。然后我就上学去了，那天刚好公布期末考试成绩，我语文、数学得了双百。这次大家都更高兴了，小白失而复得，它是来报喜的：它一回来我就得了双百。

另外一只是个小铁翅乌头，它叫芸芸。芸芸是在我家出生的，它没有兄弟姐妹是个独生子女（一般鸽子一次产两枚卵，能孵化出两只小鸽子），所以小鸽子的父母只喂它一只就喂得特别好，它个头儿从小就比的鸽子大。

我经常拿一些吃的喂芸芸，一来二去的它就认识我了。它常常会飞到窗台上侧着眼睛往屋里看，然后在窗台上走来走去，它的喙撞到玻璃上发出“咚咚”的响声，每到这时，奶奶会告诉它：“姐姐还没回来呢！”等我放学后，我就跑到小后院找它玩。我在手心里放些它爱吃的麻子，然后伸直双臂，并拢双手，轻轻举到我眼前的高度，芸芸就会轻轻扇动几下翅膀，准确又稳当地落到我的手上，大大方方地吃起来。

这就是我小时候和鸽子的情缘，我已经快有20年没再养鸽子了。正当与鸽子的点滴慢慢淡忘的时候，我接到了采访何永江老师的任务，这次采访任务唤起了我儿时的回忆，让我再续和鸽子的缘分。

听何老师充满激情地讲述过去的故事，上瘾！这种回忆和采访让我兴奋，沉浸在过去北京城的人情和风貌中，我好像回到了过去的京城里。对于生在北京、长在北京的我来说，我热爱这座城市的一砖一瓦、一草一木，更爱她深厚的文化内涵。非物质文化遗产传承人有着一颗朴实的工匠之心，他们的精气神和文化北京的精神风貌是一脉相承的。能为保护北京文化、保护非遗做力所能及的事情，我何等荣幸！能做些有意义又有意思的事是幸运的！

采访何永江老师有几点让我印象最深。

在介绍鸽哨的选材时，何老师说竹子、葫芦的淘汰率都比较高。他说："你这做10个，坏了一个，你是十分之一，到人家手，那就是百分之百，就不行了。所以，那是不允许的。人家找你，求你把葫芦（哨），拿到了家里当个宝贝似的存着，你给人家弄一破的，你良心何在？"何老师说要讲良心，我想这正是大国工匠的"匠心"。

采访时，何老师经常说："这得按规矩来。"无论是制作步骤还是鸽哨的造型讲究，他都说这是规矩，是永字传下来的规矩。何永江老师作为永字鸽哨的第四代传承人，肩负着承前启后的重担。首先要继承好老祖宗的技艺，才能传承好这门手艺。

在做哨口时，何老师一边做一边跟我说："你看，这哨口还傻呢，跟人似的，还不好看呢，你等我给它加加工，就好了。"一会儿，何老师拿着做好的哨口跟我说："你看，它现在漂亮了，笑着看你呢。"何老师做哨时随意的几句话，后来让我常常想起。在何老师手里，鸽哨不是一个冷冰冰的物件儿，而是活了！鸽哨被何老师赋予了灵性，它也有了人味。也许这就是大师作品和普通作品的不同吧。

我还有一个突出的感受是：何老师对鸽哨特别认真，对吃、穿都比较随意，对钱看得也淡。我几次采访何老师，他都穿着灰色的棉布半袖圆领衫，下身一条黑布大短裤。常穿一双旧的国产品牌运动鞋。制作鸽哨时，何老师特别惜物惜料。他对物品的敬畏心特别强，让人感动。

感谢北京非物质文化遗产保护中心的信任，让我有机会参与保护非遗；感谢北京出版集团，特别是北京美术摄影出版社的信任，让我有机会书写非遗；感谢北京市东城区作家协会多位老师给予我的帮助和指导；感谢北京电视台开阔了我的眼界。感谢何永江老师、尚利平老师毫无保留地倾情讲述。感谢所有给予我热情帮助的老师们，让我得以续写和鸽子的缘分。由于时间紧张，水平所限，书中不妥之处，还恳请读者朋友们不吝赐教。

何羿罍

2019年9月

图书在版编目（CIP）数据

北京鸽哨制作技艺 ：何永江 / 北京非物质文化遗产保护中心组织编写 ；何永江口述 ；何羿罍整理. — 北京 ：北京美术摄影出版社，2019.11
（北京非物质文化遗产传承人口述史）
ISBN 978-7-5592-0314-4

Ⅰ. ①北… Ⅱ. ①北… ②何… ③何… Ⅲ. ①鸽—文化—介绍—北京②何永江—生平事迹 Ⅳ. ①S836
②K825.7

中国版本图书馆CIP数据核字（2019）第237204号

责任编辑：赵 宁
执行编辑：班克武
装帧设计：胡白珂
责任印制：彭军芳

北京非物质文化遗产传承人口述史
北京鸽哨制作技艺 何永江
BEIJING GESHAO ZHIZUO JIYI HE YONGJIANG
北京非物质文化遗产保护中心 组织编写
何永江 口述 何羿罍 整理

出 版 北京出版集团公司
北京美术摄影出版社
地 址 北京北三环中路6号
邮 编 100120
网 址 www.bph.com.cn
总发行 北京出版集团公司
发 行 京版北美（北京）文化艺术传媒有限公司
经 销 新华书店
印 刷 天津联城印刷有限公司
版印次 2019年11月第1版第1次印刷
开 本 880毫米×1230毫米 1/32
印 张 5.5
字 数 113千字
书 号 ISBN 978-7-5592-0314-4
定 价 48.00元

如有印装质量问题，由本社负责调换
质量监督电话 010-58572393